国家电网有限公司
STATE GRID
CORPORATION OF CHINA

（2024年版）

电网调度控制运行安全风险辨识防范手册

国家电力调度控制中心　组编

中国电力出版社
CHINA ELECTRIC POWER PRESS

图书在版编目（CIP）数据

电网调度控制运行安全风险辨识防范手册：2024 年版 / 国家电力调度控制中心组编． —北京：
中国电力出版社，2024.4
ISBN 978-7-5198-7522-0

Ⅰ．①电…　Ⅱ．①国…　Ⅲ．①电力系统调度–安全管理–中国–手册　Ⅳ．①TM73–62

中国国家版本馆 CIP 数据核字（2024）第 052487 号

出版发行：中国电力出版社		印　　刷：三河市万龙印装有限公司
地　　址：北京市东城区北京站西街 19 号		版　　次：2024 年 4 月第一版
邮政编码：100005		印　　次：2024 年 4 月北京第一次印刷
网　　址：http://www.cepp.sgcc.com.cn		开　　本：787 毫米×1092 毫米　横 16 开本
责任编辑：穆智勇（zhiyong-mu@sgcc.com.cn）		印　　张：9.25
责任校对：黄　蓓　于　维		字　　数：244 千字
装帧设计：张俊霞		印　　数：00001—15000 册
责任印制：石　雷		定　　价：45.00 元

编 委 会

前　言

风险辨识工作是国家电网公司调度系统安全生产管理的一项重要内容，由于调度机构工作涉及电网调度控制运行、电网安全、二次设备管理及电力监控系统网络安全，风险因素相对复杂，为有效提升从业人员风险辨识能力，实现风险中和风险后的管理向风险辨识与预控前移，国调中心组织开展了电网调度控制运行安全风险辨识防范工作。

随着调度专业标准体系和管理制度体系的不断完善和新型电力技术的推广应用，2019 年版《电网调度控制运行安全风险辨识防范手册》已不能完全适应电网调度机构安全风险辨识工作要求。国调中心为适应新型电力系统发展形势，进一步提升本质安全水平，在 2019 年版《电网调度控制运行安全风险辨识防范手册》的基础上组织有关单位开展修订工作。以 2019 年后国家、监管机构和公司颁布的法律法规、企业标准、通用制度及管理规范等为依据，重新梳理了电网调度安全生产工作中存在的薄弱环节和风险辨识管控要点，增加了调度机构安全生产典型案例，实现调度机构各层级、各专业全面覆盖，提升调度机构安全水平。

本手册适用于国家电网公司各级调度机构，由国家电网公司国调中心提出并负责解释。

编者

2024 年 4 月

编制与应用说明

本说明介绍了国家电网有限公司《电网调度控制运行安全风险辨识手册（2024 年版）》（简称《辨识手册》）的编制目的、内容特点及应用说明，旨在帮助各级调控机构工作人员更好地理解和应用《辨识手册》，扎实推进电网调控安全风险管理机制建设。

1 编制目的

企业的安全生产中，总是客观存在着人的不安全行为、设备的不安全状态和环境的不安全因素等，这些危险因素暴露在具体的生产活动中就形成了风险，一旦风险失控，就可能导致安全事故的发生。风险管理是以工程、系统、企业等为对象，分别实施危险源辨识、风险控制、风险评估、持续改进，从而达到控制风险、预防事故、保障安全的目的。安全管理的实质就是风险管理。

风险管理实施在安全生产的不同环节，分为以下三种情形：第一，损失发生前的风险管理——避免或减少风险事故发生的机会；第二，损失发生中的应急管理——控制风险事故的扩大和蔓延，尽可能减少损失；第三，损失发生后的事故管理——努力使损失恢复到事故前的状态。

国家电网有限公司不断加强电网安全管理，全面推进安全风险管理体系建设工作。电网调控系统大力强化电网调控控制运行、电网安全、二次设备管理以及电力监控系统络安全，深入开展安全生产保障能力评估和电网调控安全风险辨识工作，积极推进电网调控安全风险管理工作。

编制《辨识手册》的目的是贯彻落实习近平总书记关于安全生产的重要指示批示精神，站在忠诚捍卫"两个确立"、坚决做到"两个维护"的政治高度上，牢固树立"人民至上、生命至上"理念，坚持"安全第一、预防为主、综合治理"方针，紧紧围绕公司"一体四翼"高质量发展总体要求，进一步完善电网调控安全风险管理工作。旨在帮助电网调控工作人员学习风险知识，认识调控工作风险存在的客观性，提高风险识别能力，实现风险中和风险后的管理向风险辨识与预控前移。

本手册在 2019 年版基础上，根据近年来调控机构功能变化、专业调整对内容和结构进行部分修订、新增和删减，并给出了修编依据。

2 《辨识手册》主要内容

《辨识手册》以防止调控人员责任事故、防止发生电网稳定破坏、防止大面积停电事故为主线，针对电网调控的工作流程和调控人员的工作行为，分析可能存在的危险因素，提出相应的控制措施，超前防范事故的发生，保障调控工作安全，保障电网安全运行。

《辨识手册》主要由辨识项目、辨识内容、辨识要点、典型控制措施和典型案例组成。其中，**辨识项目**是可能发生事故的电网调控工作流程或调控人员业务工作；**辨识内容**是可能导致事故发生的危险因素及后果责任；**典型控制措施**是针对安全风险提出常规控制措施，消除风险导致的不良后果；**辨识要点**是提示调控工作人员在调控工作过程中开展辨识的时机和环节，也是典型控制措施的提炼。**典型案例**收集梳理了公司各级调度机构近年来发生的典型安全问题，分析安全事故发生的主要原因和薄弱环节，与辨识内容有机结合，帮助调控工作人员学思践悟、以案说案，避免工作中发生类似事故。

《辨识手册》内容包括综合安全、调度控制、调度计划、系统运行、现货市场、水电及新能源、继电保护、自动化、电力监控系统安全防护、配网抢修指挥、通信管理专业。

3 《辨识手册》特点

《辨识手册》是电网调控安全生产实践的总结和提炼，是电网调控系统安全生产保障能力评估和电网调控分析制度等在调控生产运行具体环节和具体工作中的反映，可直接应用于调控工作具体流程和业务中的安全风险辨识和控制。

丰富了风险管理的内容。安全管理包括风险管理、应急管理和事故管理三个过程，其中，风险管理包括风险识别、风险评估、风险控制、控制实施四个环节。《辨识手册》用以培训指导调控机构工作人员，帮助大家了解调控各专业安全管理和安全控制状况，从而学会识别风险、评估风险、控制风险。

将安全管理的关口前移。《辨识手册》适应风险管理的新要求，从风险辨识的角度，将安全管理由事故管理向风险管理转变、由事后整改向事前预防转变、由强制执行向自主控制转变，实现事前控制，将安全关口前移。安全性评价从风险评估的角度，试图以更加全面的安全检查手段，发现调控运行工作中存在的问题，通过"评估—整改—改进—再评估"，不断总结提高。

以调控系统工作人员为生产安全控制的主体。在一定的安全工作条件下，工作人员凭借已经掌握的安全知识和工作标准，制订一个工作方案或完成一项操作，工作人员是安全控制的主体。《辨识手册》从事故致因的角度出发，帮助主体——工作人员做好安全教育和安全生产过程中危险因素的辨识控制工作。

4 《辨识手册》应用

安全教育培训。可用于新上岗人员培训、在岗生产人员培训，帮助员工学习风险知识，认识作业安全风险的客观性，提高作业技能；也可用于管理人员的培训。

辨识与控制风险作用。帮助员工了解风险的危害，学会辨识方法，掌握控制措施。

标准化安全监督检查作用。可用于检查员工的作业是否存在风险、控制风险的过程。

深化事故分析作用。可用于专业和班组开展异常、障碍、不安全现象的分析活动。

5 应用中注意的问题

《辨识手册》以防止调控人员责任事故为主线，重点是保电网安全，保人身、保设备和信息安全的相关内容较少。

《辨识手册》的内容按专业划分编排。调控机构大的工作流程，如检修工作申请批复，按照各专业承担的不同环节，编排在各专业部分。

《辨识手册》中的典型控制措施，只列举为消除风险应采取的控制措施、应做的工作，一般不再列举工作具体方案或工作应达到的技术标准。

《辨识手册》的使用，在实质内容上，要与安全性评价、危险点分析预控等工作有机融合，并不断深化和发展；在形式上，要与以往行之有效的安全大检查、安全监督等常规管理工作有机结合，不应"另起炉灶"。

目　　录

电网调度控制运行安全风险辨识防范手册

序号	辨识项目	辨识内容	辨识要点	典型控制措施	案例	修编依据
1	**综合安全**					
1.1	**安全管理体系**					
1.1.1	安全责任体系及安全目标	未健全或未严格落实各级、各类人员安全生产责任制,导致"四全"安全管理不到位;未制定相应安全生产责任目标	建立安全生产责任制及落实、考核情况	1. 制定符合上级规定和本电网实际的中心、专业处室(班组)、岗位各级、各类人员安全生产责任制。 2. 定期考核奖惩制度执行情况。 3. 按照要求制定明确的电网调度安全生产目标。 4. 按照要求编制并落实安全责任清单。 5. 依据安全责任清单编制安全责任书	案例1、2	国家电网企管〔2014〕1117号根据《国家电网公司安全工作规定》第二章、国网(调/4)338—2022《国家电网有限公司调度机构安全工作规定》第13条修订
1.1.2	安全保证体系	未建立有系统、分层次的安全生产保证体系,安全保证不力,导致安全隐患	建立安全保证机制及配套制度	建立中心、专业处室(班组)两级安全保证体系,责任到人,措施到位		依据国网(调/4)338—2022《国家电网有限公司调度机构安全工作规定》修订表述
1.1.3	安全监督体系	未建立有系统、分层次的安全监督网络体系,安全监督网络未发挥应有作用,监督网络不健全,导致调度安全风险防控失去监督	建立安全监督机制、日常监督工作开展情况	1. 调控机构内部建立中心、专业处室(班组)两级安全监督体系,明确两级安全监督的责任;调控机构设置专职的安全员;各专业处室(班组)设置兼职的安全员。 2. 建立所辖电网调度系统安全监督网络并定期组织安全监督网络活动。 3. 根据人员变动,及时调整安全监督网络成员。 4. 依法依规履行发电企业、直调大用户涉网安全监督职能		依据国网(调/4)338—2022《国家电网有限公司调度机构安全工作规定》第66条修订

序号	辨识项目	辨识内容	辨识要点	典型控制措施	案例	修编依据
1.1.4	安全监督体系	安全监督网络成员履行安全监督职责不到位	日常监督工作开展情况	1. 落实安全监督网络成员的安全职责，职责包括安全监督工作的范围、任务和要求。 2. 定期参加安全监督网络活动。 3. 加强安全监督网络成员的安全培训，提高安全监督工作能力		
1.2	**风险管控**					
1.2.1	电网调度安全分析	未按照电网调度安全分析制度开展相应的工作，导致安全风险不能提前辨识、防范	电网调度安全分析制度的落实	1. 认真落实电网调度安全分析制度。 2. 结合实际，持之以恒地开展工作		
1.2.2	电网调度控制运行分析	未按照电网调度控制运行分析制度开展相应的工作，导致调度运行存在的问题和隐患不能提前辨识、防范	对电网调度控制运行情况的分析	1. 结合实际开展电网调度控制运行分析。 2. 根据分析结论落实改进		
1.2.3	电网二次设备分析	未按照电网二次设备分析制度开展相应的工作，导致二次设备运行风险不能提前辨识、防范	对电网二次设备运行情况的分析	1. 结合实际开展电网二次设备运行分析。 2. 根据分析结论制定措施并落实改进		
1.2.4	规程和规章制度修订	未按规定及时制定、滚动修编规程和规章制度，导致调度安全生产隐患	修编规程和规章制度	1. 按上级主管部门要求或根据电网运行需要，及时制定或修订各种运行规程。 2. 及时制定或修订保障生产运行的各种规章制度、规定、规范、流程		
1.2.5	安全生产措施	未针对电网存在安全风险和危险点，制定并落实各项安全生产措施，导致电网异常和事故发生	措施制定及执行情况	1. 针对电网存在安全风险和危险点，制定切实可行、详实合理的措施、计划。 2. 严格执行措施、计划。 3. 强化技术监督工作		依据《电网调度机构反违章指南（2022年版)》第146条、第189条修订

序号	辨识项目	辨识内容	辨识要点	典型控制措施	案例	修编依据
1.2.6	电网安全隐患排查治理	未能及时开展电网安全隐患排查治理，导致安全事故发生	实施隐患排查治理工作闭环管理	1. 针对季节性特点应定期对电网安全隐患进行排查，及时提出具体整改措施。 2. 做好调度专业隐患标准编制、排查组织、评估认定、治理实施和检查验收工作。 3. 对隐患整改方案的实施过程进行监督，对整改结果进行分析、评估。经评估达到规定隐患等级的，纳入公司隐患统一管理，录入安全隐患管理信息系统，实现安全隐患排查的闭环控制。 4. 制定设备隐患台账，制订隐患整改计划，限期消除安全隐患，对暂不能消除的安全隐患制订临时应对方案		依据安监一〔2022〕5号《国家电网有限公司安全隐患排查治理管理办法》、国网（调/4）338—2022《国家电网有限公司调度机构安全工作规定》第47条修订
1.2.7	电网安全风险评估和危险点分析	未能及时开展电网安全风险评估和危险点分析，导致电网事故发生	及时开展电网安全风险评估和危险点分析工作	1. 调控机构建立风险评估和危险点分析的常态机制。 2. 实行年度、月度、节假日及特殊保电时期电网运行风险评估和危险点分析制度，提出控制要点，落实控制措施。 3. 根据电网检修、设备改造、异常处理等方式调整，开展电网风险评估和危险点分析，并制定事故处理预案	案例11～案例17、案例30～案例41	
1.2.8	调度系统安全生产保障能力评估	未能定期开展调度系统安全生产保障能力评估，导致电网安全事故处置不当	定期开展调度系统安全生产保障能力评估	1. 调控机构应建立定期开展调度系统安全生产保障能力自评估的常态机制。 2. 定期开展安全生产保障能力自评估，提出整改要点，实现电网调度控制运行风险的可控、在控		

序号	辨识项目	辨识内容	辨识要点	典型控制措施	案例	修编依据
1.3	**流程控制**					
1.3.1	调度主要生产业务流程制定	调控机构各项安全生产流程不清晰，各节点的安全责任不明确，工作界面和标准不统一，导致安全生产隐患	按要求开展核心业务流程及标准化作业程序建设	1. 对调度主要生产业务流程进行梳理，微机固化后形成统一的规范。 2. 以流程图和工作标准形式对调度安全生产主要业务描述详细、准确，明确各个节点的工作内容、要求和结果形式等。 3. 加强核心业务流程建立、执行到审计、监督、评估和改进的全过程管理，推动调度工作的标准化、规范化		依据国网（调/4）338—2022《国家电网有限公司调度机构安全工作规定》第50条修订
1.3.2	调度主要生产业务流程控制	生产业务主要流程节点控制不利，未能实现流程上下环节的核查和相互监督，导致安全生产隐患	加强调控系统内控机制建设工作	1. 对调度主要业务必须建立职责明确、环节清晰、闭环控制的工作流程；定期组织各专业间的沟通交流、强化安全内控机制建设，做到"四个凡是"（凡是核心业务必须建立流程、凡是流程必须上线流转、凡是上线流程必须有审计功能、凡是流程必须有事后监督评价）。 2. 各节点履行安全生产责任，在流转中实现流程上下环节的支撑和相互监督		
1.3.3	中心机房工作管理	参加中心机房工作时，不遵守有关安全规程、规定，导致安全生产事故发生	加强现场工作管理	1. 在通信、自动化机房工作，应严格执行国家电网安质〔2018〕396号《国家电网公司电力安全工作规程（电力通信部分）、（电力监控部分）》中工作票要求，不得无票进行工作。 2. 工作票签发人、工作票负责人、工作许可人应严格按规程要求定期参加学习，考试合格，并进行公示。 3. 不得在未做好安全措施的情况下开展工作，执行现场工作管理规定。 4. 不随意触及运行设备，必要时采取可靠的防护隔离措施		

序号	辨识项目	辨识内容	辨识要点	典型控制措施	案例	修编依据
1.4	**应急管理**					
1.4.1	应急管理机制运转	未建立电网调度应急机制，导致应急处置工作不畅	应急责任人工作职责及联络	1. 按要求建立健全应急组织机构。 2. 按照要求建立应急管理与启动机制。 3. 确保应急工作机制运转正常。 4. 加强应急处置过程中的信息收集与共享，确保信息汇报的时效性和权威性	案例 65	
1.4.2	应急处置预案体系	未制定或及时修订电网调度应急处置预案，导致应急处置不当	预案的修订及演练	1. 及时制定、滚动修订、发布调度各项预案。 2. 调控机构应定期组织开展预案的应急演练工作。 3. 演练结束后开展评估，对演习过程中暴露的问题进行预案修订	案例 42、案例 44～案例 47	
1.4.3	电网反事故演习	未定期开展电网（联合）反事故演习，导致调度员应急处置培训不足，在电网事故处理中能力及反应不足	反事故演习的组织开展情况	1. 调控运行专业每月应至少举行一次专业反事故演习。 2. 定期组织相关人员开展应急预案培训。 3. 演习方案设计合理，符合电网当前实际及运行特点。 4. 实行反事故演习分析、总结、整改制度，并形成书面报告		根据国网（调/4）338—2022《国家电网有限公司调度机构安全工作规定》第 54 条、第 56 条修订
1.4.4	应急处置环境及相关条件	未建立调度应急指挥中心及相关设施，导致应急保障不力	调度应急指挥中心建设及装备情况	1. 调度应急指挥中心配备齐全的硬件设施。 2. 应急事故处置所需信息、资料完备		

序号	辨识项目	辨识内容	辨识要点	典型控制措施	案例	修编依据
1.5	**分析改进**					
1.5.1	异常和事故分析	未及时进行电网异常和事故分析,未按要求编制分析报告,导致汲取事故教训不力	开展电网异常和事故分析、编制分析报告	1. 组织电网异常和事故专题分析会。 2. 会议记录完整。 3. 编制完整的事故分析报告,下发相关人员深入学习		
1.5.2	反事故措施	未认真落实上级下发的反事故措施,未制订调控机构实施计划,导致电网事故重复发生	措施落实计划及执行情况	1. 制订切实可行的反措落实计划。 2. 严格执行反措计划。 3. 对反措计划落实后的效果进行评估		
1.5.3	落实情况监督	措施落实监督不到位,不能及时消除安全隐患,导致安全事故发生	措施执行及改进的闭环控制	1. 各专业安全员要督促本专业防范措施的落实及隐患整改全过程。 2. 中心安全监督专责要督促中心内的措施落实及隐患整改全过程		
1.6	**人员安全管控**					
1.6.1	安全案例学习、安全教育培训	未组织开展安全案例学习以吸取事故教训,未结合实际开展安全培训教育,导致员工安全意识淡薄、安全责任落实不到位	建立安全案例、培训教育制度,检查学习、落实情况	1. 利用安全分析会及安全日活动定期组织学习、培训教育,吸取事故教训。 2. 结合实际对组织学习情况进行抽查、考问、考试,检验学习效果		
1.6.2	人员业务素质	调度系统未定期开展生产人员业务培训,导致生产人员不完全具备应有的业务素质和业务资质,造成安全生产隐患	上岗资格认定	1. 应定期对调度系统人员开展培训。 2. 生产人员应具备符合岗位需要的基本业务素质,并通过相关调控机构的考试。 3. 新上岗员工必须经专业知识培训并经考试合格后方可上岗		根据国网(调/4)338—2022《国家电网有限公司调度机构安全工作规定》第29条、第30条修订
1.6.3	人的行为状态	生产人员精神、体能状态不适应工作要求,导致不安全行为	检查人员状态	1. 工作前保证良好的休息。 2. 工作时应保持良好的精神状态,不做与工作无关的事情。 3. 根据实际情况进行人员调整		

序号	辨识项目	辨识内容	辨识要点	典型控制措施	案例	修编依据
1.6.4	外来工作人员管理	管理不到位或造成安全生产事故、泄密事件及其他不良影响等	建立健全外来维护、开发技术人员的管理制度，并纳入公司安全准入管理，加强外来工作人员工作期间的全过程管理	1. 签订项目合同时应与外来技术支持单位签订安全工作协议，明确工作时间、工作范围、工作内容、安全要求及保密要求。 2. 建立健全外来工作人员资质审查和登记制度。 3. 建立外来支持人员必备安全资质检查审核制度。 4. 对外来工作人员进行安全、保密和其他纪律教育，组织进行安全知识考试，签订保密协议；外来技术工作人员进场工作前，需经过安全生产知识和安全生产规程的培训，考试合格后方能进行工作。 5. 外来工作人员在调控机构工作期间必须悬挂格式统一的身份标识牌。 6. 在安全Ⅰ区工作或进行重大操作时，要有中心相关专业人员进行现场监督、确认		依据安监二〔2019〕60 号《国家电网有限公司安全准入工作规范（试行）》、国网（安监/4）853—2017《国家电网有限公司业务外包安全监督管理办法》修订
1.6.5	外来参观人员管理	管理不到位或泄密事件及其他不良影响等	加强外来人员参观期间的全过程管理	1. 建立健全外来参观人员登记审核制度并严格把关。 2. 落实外来参观的全程陪同人员。 3. 明确供参观场所的安全和保密要求并悬挂相应的提示标牌		
1.6.6	生产场所实现定置管理	茶水、饮料、汤类液体溅入调度操作、调试、控制设备，影响设备安全、系统正常运行	茶水、饮料、汤类液体与调度操作、调试、控制设备保持距离	1. 茶水、饮料、汤类液体单独存放，与调度操作、调试、控制设备保持足够距离。 2. 具备茶水、饮料、汤类液体防倾倒或溅出措施		

序号	辨识项目	辨识内容	辨识要点	典型控制措施	案例	修编依据
1.6.7	相关保障因素	人员安全能力受到相关因素的影响，导致不安全行为	检查场所、环境、消防设施等	1. 工作场所、作业环境等保障因素符合相关规程制度要求。 2. 定期进行消防安全检查，消除火险隐患。 3. 有针对性地进行消防知识培训，提高防火和火险逃生等基本技能。 4. 根据重要场所反恐、保卫要求，对调度大厅、机房等地点做好安全保卫工作，关闭非正常通道		
1.6.8	生产场所实现公共卫生事件管理	应对突发公共卫生事件时调控机构及各第二值班场所因疫情防控措施落实不到位，造成公共卫生事件，影响调控机构生产场所正常运作	突发公共卫生事件时，调控机构及各第二值班场所按公共卫生事件应急管理规定严格落实各项防范措施。做好人员、场所、技术、物资、设备的应急管理工作	1. 建立健全调控系统各第二值班场所。 2. 编制各调控机构《传染病突发公共卫生事件应急处置预案》。 3. 严格执行各项预案控制措施，做好人员、场所、技术、物资、设备的应急管理工作		依据《国家电网有限公司调控系统防范及应对传染病类突发公共卫生事件应急管理规定》第13条和第五章相关条款新增
1.7	**合规管理**					
1.7.1	合规管理机制建设	未建立健全合规管理制度，各专业合规性风险职责清单、底线清单及内控合规操作标准执行编制细化不到位，导致各专业管理及现场作业流程不健全、不规范	检查合规管理制度编制、重点业务流程框架体系建设情况，各岗位风险内控管理情况，对合规性管理长效性机制及风险防范机制	1. 建立合规管理制度，完善重点业务流程框架体系。 2. 编写调控各专业内控合规管理目标、主要风险分析及应对措施、重点岗位风险内控合规职责清单、内控合规操作标准、管控流程及评价要点		依据国网（法/2）985—2023（指导）《国家电网有限公司合规管理办法（试行）》、调技〔2022〕21号《国调中心关于印发国家电网有限公司调度系统"合规管理强化年"专项行动工作安排的通知》等文件要求

序号	辨识项目	辨识内容	辨识要点	典型控制措施	案例	修编依据
1.7.2	合规管理重点业务管控	调控系统风险职责清单、底线清单和内控合规操作标准管控不到位，造成各类事件	检查调控系统各专业管理制度风险职责清单、底线清单和内控合规操作标准、相关系统管控流程等	1. 明确、细化调控主要业务管控流程，包括调控运行、调度计划、水电新能源调度、系统运行、继电保护、自动化、电力燃料管理、调控安全与风险管理、配网抢修指挥、通信管理 10 个重点业务的风险职责清单、底线清单和内控合规操作标准，规范管理行为和作业标准流程。 2. 按期开展合规管理专项检查，围绕重点风险防控开展日常业务		依据国网（法/2）985—2023（指导）《国家电网有限公司合规管理办法（试行）》、调技〔2022〕21 号《国调中心关于印发国家电网有限公司调度系统"合规管理强化年"专项行动工作安排的通知》等文件要求
1.7.3	合规管理重点业务审查与评估	未及时开展调度业务领域合规管理工作的有效性评估，或未根据相关监管要求及时改正合规评估中发现的问题，造成法律风险	检查调控合规管理年度报告、评估报告、整改评分方法措施及进度	1. 按期对调度业务领域工作事项的完备性、规范性开展合规审查。 2. 开展调度业务领域合规管理工作的有效性评估，并根据相关监管要求及时改正合规评估中发现的问题，改进完善合规管理体系		依据国网（法/2）985—2023（指导）《国家电网有限公司合规管理办法（试行）》、调技〔2022〕21 号《国调中心关于印发国家电网有限公司调度系统"合规管理强化年"专项行动工作安排的通知》等文件要求
2	**调度控制**					
2.1	**调控运行人员状态**					
2.1.1	调控运行值班人员配置	调控运行值班人员配置不足，导致各班人员工作时间延长，工作强度加大，值班人员易疲劳，有可能引起误调度、误操作	保证调控运行值班人员的配置	开展人员承载力研究，确保实际在岗人数达到调控运行值班人员配置标准		

序号	辨识项目	辨识内容	辨识要点	典型控制措施	案例	修编依据
2.1.2	调控运行值班人员业务能力	新进调控运行值班人员或调控运行值班人员长期脱离工作岗位，不熟悉电网情况，无法对电网安全运行正确监控	上岗培训	1. 调控运行值班人员在独立值班之前，必须经过现场及调度室学习和培训实习，并经过考试合格、履行批准手续后方可正式值班。并书面通知各有关单位。 2. 调控运行值班人员离岗1个月以上者，应跟班1~3天熟悉情况后方可正式值班。 3. 调控运行值班人员离岗3个月以上者，应重新熟悉设备和系统运行方式，并经安全规程及业务考试合格后，方可重新开展调度运行工作。 4. 调控运行值班人员定期到现场熟悉运行设备，尤其重视新投运设备和采用新技术的设备。 5. 必须通过系统性的仿真培训，熟悉各类事故、异常的处理	案例65	依据《电网调度机构反违章指南（2022版）》第49条修订第3点
2.1.3	调控运行值班人员身体状态	当班调控运行值班人员身体状态不佳，无法正常监控电网运行	良好身体状态	1. 接班调度员接班前12h内不准饮酒，同时避免进行高强度运动、长时间驾驶或娱乐等可能影响值班状态的活动。 2. 当班时应保持良好工作状态，不做与工作无关的事情；严禁值班人员违反规定连续值班，特殊情况，经请示中心领导同意后，方可连续值班		依据国网（调/4）327—2022《国家电网有限公司调控机构调度运行交接班管规定》第七条修订第1点
2.1.4	调控运行值班人员精神状态	调控运行值班人员情绪不佳，精力不集中，无法胜任值班工作	良好精神状态	1. 接班前调整好精神状态。 2. 情绪异常波动、精力无法集中的，不得当班。 3. 保证必要的休假，调整调控运行值班人员身心状态及生活节奏。 4. 定期邀请心理专家对调控员进行心理疏导		

序号	辨识项目	辨识内容	辨识要点	典型控制措施	案例	修编依据
2.1.5	人员业务承载力	工作量较大，导致当值人员无法保证所有工作安全可靠完成	检查检修计划、天气情况及事故抢修等情况下的人员配置	1. 合理安排检修计划、设备启动等工作，满足人员承载力要求。 2. 建立备用值班机制，出现恶劣天气、重大自然灾害等原因导致工作量激增，超出人员承载力时，立即启用备用值班员，支援当值调控员完成工作	案例87	
2.2	**调度交接班**					
2.2.1	调度日志	调度日志未能真实、完整、清楚记录电网运行情况，导致误操作、误调度	调度日志正确记录	1. 调度日志应包含：当班检修和操作记录、电网异常和故障情况、开停机记录、发用电计划调整记录、运行日志、当前系统运行方式、保护及安全稳定控制装置变更调整等。 2. 调度日志内容要真实、完整、清楚，记录的问题和设备状态符合实际。 3. 调度机构应设专人（安全员）每月对运行日志进行检测，发现问题及时整改		依据《电网调度机构反违章指南（2022年版）》第80条新增第3点
2.2.2	交班值准备	交班值没有认真检查各项记录的正确性，导致交班时未能正确交待电网运行方式，造成下值误操作、误调度	交班正确	1. 交班值检查调度日志记录（含设备状态）、操作指令票记录（含 EMS 系统设备状态校正）、检修工作票记录、继电保护定值单记录等正确。 2. 检查有关系统中稳定控制限额设置正确。 3. 交班人员提前30min做好交班准备工作		依据国网（调/4）327—2022《国家电网有限公司调控机构调度运行交接班管理规定》第8条新增第3点
2.2.3	接班值准备	接班值未按规定提前到岗，仓促接班，未经许可私自换班，未能提前掌握电网运行情况，对交班内容错误理解、不能及时发现问题，造成误操作、误调度	接班准备充分	1. 接班值按规定提前 15min 到岗，在极端天气、电网故障、重大操作、重要保电等特殊情况下，原则上接班调度员应提前30min 到岗熟悉电网运行情况。 2. 加强值班考勤管理，严禁私自换班，一般情况下不允许值班人员连续值班。 3. 全面查看调度日志、检修工作申请票、调度操作指令票等交班内容。 4. 查看最新运行规定、运行资料和上一班准备的材料，如危险点分析、事故预想等		依据国网（调/4）327—2022《国家电网有限公司调控机构调度运行交接班管理规定》第9条修订第1点

序号	辨识项目	辨识内容	辨识要点	典型控制措施	案例	修编依据
2.2.4	交接班过程	交接班人员不全就进行交接班,交接班过程仓促,运行方式、检修工作、电网异常和当班联系的工作等交接不清,导致接班值不能完全掌握电网运行情况,造成误操作、误调度	交接清楚电网运行情况	1. 交接班人员不全不得进行交接班。 2. 交班值向接班值详细说明当前系统运行方式、机组运行情况、检修设备、系统负荷、计划工作、运行原则、正在进行的电气操作、故障处理进程、存在的问题等内容及其他重点事项,交接班由交班值调度长(正、主值)主持进行,同值调度员可进行补充。 3. 接班值理解和掌握交班值所交待的电网情况,特别关注非正常运行方式。 4. 交班值须待接班值全体人员没有疑问后,方可完成交班。 5. 交接班前 15min 内,一般不进行重大操作。若交接班前正在进行操作或故障异常处理,应在操作、故障异常处理完毕或告一段落后,再进行交接班		依据国网(调/4)327—2022《国家电网有限公司调控机构调度运行交接班管理规定》第 10 条新增第 5 点
2.3	**调度运行监视**					
2.3.1	调度员值班纪律	当班调度员未认真遵守调度员值班纪律,电网安全运行失去监控,导致电网故障发生	当班调度员认真执行调度员值班纪律	1. 值班时间必须严格执行调度规程和其他安全运行规程,保证电力系统安全优质经济运行。 2. 调度员当班期间严禁脱岗。 3. 调度室内应保持肃静、整洁,不得闲谈、不得会客、不做与调度业务无关的事		
2.3.2	开停机指令发布	错误发布机组启停指令,导致局部元件过载或全网出力出现缺额	正确发布机组启停指令	1. 正常状况下应严格执行日计划表单中机组启停安排。 2. 在负荷与计划偏差较大时应及时调整机组启停计划,避免过停造成出力缺额。 3. 临时调整机组启停计划应进行在线潮流计算。 4. 应熟悉机组开机方式对相关断面潮流的影响,避免因开停机组造成潮流越限。 5. 非计划停运机组缺陷处理结束后,必要时应进行机组开机方式校核		

序号	辨识项目	辨识内容	辨识要点	典型控制措施	案例	修编依据
2.3.3		未及时控制线路或断面超稳定限额运行，导致稳定限额越限	及时控制稳定限额	1. 关注重载线路及断面潮流，及时调整出力及转移负荷，确保电网在稳定限额内运行。 2. 一、二次方式变更后及时修正稳定限额		
2.3.4	线路或断面潮流控制	错误控制线路或断面超稳定限额运行时，导致电网稳定水平恶化	熟悉系统潮流走向，熟悉线路或断面稳定限额	1. 时刻熟悉并掌握系统潮流分布及流向。 2. 熟悉并掌握电网内线路及断面正常及检修方式的稳定限额。 3. 在重载线路或断面超稳定限额运行时，及时根据潮流流向合理调整相关出力及负荷		
2.3.5		恶劣天气前未控制潮流，恶劣天气时电网故障难以处理，导致电网故障扩大	恶劣天气前做好稳定控制	提前制定恶劣天气应对预案，严格控制相关重载线路及断面潮流		
2.3.6	频率控制	系统频率异常时未能及时调整出力及负荷，系统长期在不合格频率运行	频率监视与控制	关注系统频率，在频率出现较大偏差时及时有效地调整系统出力及负荷，在短时间内恢复系统频率至合格范围内		
2.3.7	电压控制	系统电压超出合格范围未能及时调整，局部地区长期电压越限	电压调节	当出现电压超出合格范围时，及时采取电压调节手段，在短时间内恢复系统电压至合格范围内		
2.4	**调度当班工作联系**					
2.4.1	联系规范	调度联系时未互报个人的单位、姓名，调度术语使用不规范，导致误调度	调度联系时形式规范	1. 调度联系时必须首先互相通报单位和姓名。 2. 调度联系要严肃认真、语言简明、使用统一规范的调度术语和普通话		

序号	辨识项目	辨识内容	辨识要点	典型控制措施	案例	修编依据
2.4.2	核对临时工作要求	对现场或下级调度临时提出的工作要求没有仔细核对运行方式及电网潮流,盲目同意,导致误操作或潮流越限	许可临时工作前核对	1. 临时工作答复前仔细核对现场一、二次设备状态。 2. 考虑临时工作对电网运行方式及潮流的影响,必要时要进行潮流或稳定计算。 3. 许可临时工作前,应核对系统正在进行的工作,检查是否会对正在进行的工作造成影响。 4. 应核实是否新增断面控制要求及风险预警。 5. 充分熟悉调度管辖及许可设备划分规定,严格执行操作许可制度,避免越级许可工作		依据《电网调度机构反违章指南(2022年版)》第73条新增第5点
2.4.3	核对管辖范围	对现场或下级调度临时提出的工作要求没有仔细核对调度管辖范围,盲目同意,越级许可,导致上级或下级调度误操作或误调度	许可临时工作遵守调度管辖范围	1. 应充分熟悉调度管辖及许可设备划分规定。 2. 应严格执行操作许可制度,避免越级许可工作。 3. 对下级调度机构调管设备运行有影响时,在操作前应通知下级调度机构值班调度员,让其做好事故预想;调度机构管辖的设备,其运行方式变化对有关电网运行影响较大的,在操作前、后或故障后要及时向相关调度机构通报		依据《电网调度机构反违章指南(2022年版)》第76条新增第3点
2.4.4	联系及时准确	上下级调度之间联系汇报不准确、不及时,汇报内容不完整,导致对电网情况不能及时准确了解,造成误调度或误操作	联系汇报应及时准确	1. 应严格执行调度联系汇报制度。 2. 汇报时应思路清晰,内容完整		
2.4.5	排除电话干扰	故障处理时,没有关注主要信息,受到不必要的电话干扰,导致故障处理延误或误操作	集中精力,排除干扰	1. 调度电话号码应保密,限制公布范围。 2. 故障处理时,与故障处理无关的电话拒接、简短回答,或事后解答		

序号	辨识项目	辨识内容	辨识要点	典型控制措施	案例	修编依据
2.5	**检修工作申请单管理**					
2.5.1	审批内容正确	检修工作申请单内容有错误或缺失导致安全措施不全,可能造成误操作	核对工作内容、安全措施及运行方式	当班值班长在答复检修工作申请单前,应首先核对工作内容、安全措施及运行方式,确保工作内容与工作要求的安全措施匹配,运行方式安排合理		
2.5.2	批复范围	批复时未通知相关单位,导致部分相关单位不能了解配合操作的内容,可能造成误操作	通知相关单位	1. 批复检修工作申请单时,应严格遵守调度规程及检修工作申请单管理规定,对工作所涉及的相关单位均要告知。 2. 值班员对业务单中各处(科)室批注意见有疑问时,必须与相关批复处(科)室负责人进行核实,得到明确答复并经主管领导许可后,方可更改执行		依据《电网调度机构反违章指南(2022年版)》第60条新增第2点
2.5.3	批复时间	未按规定时间批复导致工作申请单位准备时间仓促,可能造成误操作	按时批复申请单位	在批复检修工作申请单时应严格遵守调度规程及检修工作申请单管理规定,按时批复申请单位		
2.5.4	批复后复诵	批准开完工时未执行复诵制度,可能导致工作内容变更或工作范围扩大,造成误操作	录音复诵	在批准现场或下级调度开完工时应相互复诵,确保工作内容一致		
2.5.5	检修工作记录	检修工作申请单开完工后未填写时间及联系人,导致下一值调度员误认为工作未开工或未完工,无法正确掌握设备状态,导致误操作	及时记录开完工及特殊情况	1. 批准开完工时应仔细核对时间及联系人并及时填写。 2. 工期有变化的检修工作申请单应及时注明并填写联系人。 3. 因天气及其他原因导致无法工作的检修工作申请单,应及时注明工作票作废原因并填写联系人		
2.5.6	工作开工、终结管理	现场不具备工作条件发工作许可,造成电网故障和人身事故	确认设备具备工作条件	设备停电检修许可前,应再次检查该许可设备确已操作停役,并核对调度大屏(模拟盘)、调度技术支持系统与现场设备运行状态无误,方可下达开工许可		依据《电网调度机构反违章指南(2022年版)》第55条修订

序号	辨识项目	辨识内容	辨识要点	典型控制措施	案例	修编依据
2.5.7	工作开工、终结管理	工作未结束就终结申请，调度工作终结监护不严，导致人身伤亡和电网故障	所有相关工作全部结束后方可终结申请	1. 同一停电项目有多份申请单，应确认所有的工作终结后，该停电项目方可结束。 2. 对全部终结后的设备停、复役记录，由当班值长进行审核后再恢复送电		
2.6	**调度倒闸操作**					
2.6.1	拟票操作	计划检修的停服役操作没有按流程拟写操作指令票，导致误操作	操作前拟票	除紧急处理故障和异常以外,计划性工作的停复役操作前,应按流程拟写操作指令票		
2.6.2	拟票前充分理解一、二次意见	拟票时未看清楚检修工作申请票中方式安排及保护意见，或对检修工作申请票中批注意见有疑问时，未经确认继续执行或擅自更改执行，导致拟票错误	拟票前应仔细阅读并充分理解方式安排和保护意见	拟票前仔细阅读并充分理解检修工作申请票中方式安排、保护意见及其他相关专业意见，如有疑问立即询问、核实		
2.6.3	拟票前核对	拟票时不清楚系统当前运行方式，未执行"三核对"，导致拟票错误	拟票前进行核对	1. 核对检修申请单。 2. 核对调度大屏（模拟盘）及 SCADA 画面。 3. 核对现场设备实际状态。 4. 掌握电网运行方式的变化	案例 49	
2.6.4	操作目的明确	拟票时操作目的不清楚，导致拟票错误	拟票时要明确操作目的	1. 要充分领会操作意图。 2. 拟票时要明确操作目的		
2.6.5	熟悉电网运行方式	拟票时未充分考虑设备停送电对系统及相关设备的影响，导致操作时系统潮流越限或保护不配合	拟票调度员应熟悉系统运行方式	1. 了解系统和厂站接线方式。 2. 了解一次设备停复役对系统潮流变化及保护配合的影响。 3. 了解主变压器中性点投切及保护投停对系统的影响。 4. 掌握安全自动装置与系统一次运行方式的配合		

序号	辨识项目	辨识内容	辨识要点	典型控制措施	案例	修编依据
2.6.6	标准术语使用	拟票时未使用标准的操作术语，导致现场理解错误，造成误操作	拟票正确使用操作术语	拟票人熟练掌握标准操作术语的含义及应用范围，拟票时合理使用，防止出现令现场理解产生歧义的内容	案例66、案例67	
2.6.7	操作指令票内容正确性	操作指令票内容不规范，操作步骤不合理，方式调整不合理，保护及安全自动装置未按要求调整，未考虑停电设备对系统的影响，导致误操作	拟票调度员对所辖电网的熟悉程度及调度专业知识的掌握程度	1. 拟票人熟悉电网操作原则，掌握操作指令票拟写规范。2. 拟票人充分考虑操作指令票操作前后对电网运行方式的影响。3. 拟票人充分考虑操作指令票操作前后对电网稳定控制装置的影响		
2.6.8	操作指令票内容完整性	拟票时，与操作相关的内容未完整填写，导致操作时与该操作相关的配合部分未完整执行，造成误操作	操作指令票完整包括与操作相关的全部内容	1. 操作指令票应完整包括与操作相关的全部内容。2. 涉及两级及以上调度联系的操作，将电网方式变化及设备状态移交等写入操作指令票中		
2.6.9	审核操作指令票	审核过程马虎，未能及时发现错误，导致误操作	操作指令票内容、审票人签名	审核操作指令票时应精力集中，仔细审阅，及时发现错误并纠正，审核后应签名	案例68	
2.6.10	预发前核对	预发前未执行"三核对"，对所预发的调令操作目的不清楚，对所预发的调令操作内容和步骤理解不清，导致将错误调令预发至现场，造成误操作	准确把握预发调令的操作目的及操作步骤	1. 预发调令前仔细审核一次，执行"三核对"[核对调度大屏（模拟盘）和SCADA状态、核对现场设备状态、核对检修申请单]。2. 考虑预留操作所用的时间	案例48	
2.6.11	操作指令票预发时间及方式	预发至现场时，未严格执行预发指令票有关规定，使现场对将要执行的操作没有做好充分准备，造成误操作	按规定时间、通过规定途径提前预发	1. 计划工作的操作指令票应按规定时间提前预发至现场。2. 大型操作或新设备启动等操作指令票原则上应提前预发至现场，以便现场有充分的准备时间。3. 对于不具备网上接票或传真接票功能的单位应使用电话预发的手段		

序号	辨识项目	辨识内容	辨识要点	典型控制措施	案例	修编依据
2.6.12	预发后复诵	预发调令后没有与现场进行核对，核对时没有严格执行录音复诵制度，预发调令时遗漏受令单位或预发至错误的受令单位，导致误操作	预发调令的流程	1. 无论采取何种预发调令的手段，预发后都必须与现场进行电话核对。 2. 核对时应严格执行录音复诵制度。 3. 预发时应互通单位、姓名、岗位，并核对调令编号。 4. 预发时还应说明是预发调令	案例50	
2.6.13	熟悉电网运行方式再操作	对电网实时运行情况不清楚，盲目操作，导致误停电或误操作	操作前掌握电网情况	随时掌握当值电网运行状况（如电力平衡、频率和电压、接线方式、设备检修、反事故措施内容、用电负荷、本班操作任务及进程等）	案例51～案例53	
2.6.14	操作环境	操作时环境不佳，如电网负荷高峰时段、天气恶劣等，此时进行操作可能削弱系统网架结构，降低稳定水平	运行环境不佳，影响操作	1. 尽量避开负荷高峰时段操作。 2. 尽量避免恶劣天气条件下（雷、电、雨、雾等）操作		
2.6.15	重大方式变更预案	进行电网重大方式调整时，没有做好相应的故障应急处置方案，导致处理故障过程中出现误操作或引起故障扩大	重大方式调整应提前分析做好预案	1. 提前分析危险点及薄弱环节，制定操作性强的故障应急处置方案并加强演练。 2. 运方专业向调控运行人员进行方式交底		
2.6.16	操作前危险点分析	操作前未做好危险点分析，导致操作中遇到异常情况时不能正确处理，造成误操作	接班后危险点分析	1. 熟悉、掌握电网故障处理预案。 2. 接班后在安全稳定分析计算的基础上及时做好当班危险点分析。 3. 在安全稳定分析计算的基础上根据电网状况及时做好事故预想。 4. 在操作前进行必要的潮流计算		

序号	辨识项目	辨识内容	辨识要点	典型控制措施	案例	修编依据
2.6.17	操作前核对	操作前未执行"三核对";未应用软件计算分析潮流;未能掌握电网运行方式及厂站接线方式,仅靠自动化系统信息状态即发布调度指令或许可操作,导致误操作	操作前的准备工作充分	1. 核对检修申请单。 2. 核对调度大屏（模拟盘）及 SCADA 画面。 3. 核对现场设备状态。 4. 明确操作目的。 5. 应用调度员潮流软件（PF）做操作前后的潮流分析	案例70~案例72	
2.6.18	操作前联系	操作前没有联系相关单位,盲目操作,导致误停电或稳定越限	操作前沟通联系	1. 操作前应及时与检修工作申请单位沟通,了解操作能否进行。 2. 联系上下级调度申请许可操作或通报操作意图。 3. 操作前与现场说明操作目的		
2.6.19	上级调度发令的操作	不执行或拖延执行上级调控机构下达的指令,或未按规定经过上级调度许可擅自进行相关操作	执行上级调度指令	严肃调度纪律,确保调度指令的权威性		
2.6.20	上下级配合的操作	有需要不同单位或上下级调度配合的操作,未按调令顺序操作（跳步操作）,造成误操作	按调令顺序操作	1. 上下级调度配合操作时,应清楚移交电网方式和设备状态。 2. 一、二次部分配合操作应及时		
2.6.21	按顺序操作	未经请示,或未经本值讨论,擅自跳步操作、擅自更改操作内容,导致误操作	按调令顺序操作	1. 按调令顺序执行,如遇特殊情况需更改操作顺序,应履行相关规定。 2. 不得擅自更改操作内容		
2.6.22	操作中核对状态	操作过程中调度员未及时与现场核对操作设备状态,导致误操作	操作过程中与现场核对	1. 利用远动信息及时与现场核对操作设备状态,包括开关变位、潮流变化情况。 2. 与现场运行人员电话核对	案例54、案例72	
2.6.23	操作规范性	操作时未严格执行发令、复诵、录音、监护、记录、汇报制度,导致误操作	发令、复诵、录音、监护、记录、汇报	1. 发令应准确、清晰,使用规范的操作术语和设备双重编号。 2. 严格执行发令、复诵制度。 3. 发令人应明确执行的调令编号。 4. 发令用电话应有录音功能		

序号	辨识项目	辨识内容	辨识要点	典型控制措施	案例	修编依据
2.6.24	操作规范性	在许可电气设备开工检修和恢复送电时约时停送电,造成误操作或人身伤亡事故	严禁约时停送电	1. 开始、终结电气设备检修工作前要核对。 2. 严禁约时停送电。 3. 在设备停送电前,应核实电网运行情况和设备运行状况是否满足操作要求,禁止在不满足要求时进行停送电操作		依据《电网调度机构反违章指南(2022年版)》第 79 条新增第 3 点
2.6.25		操作未做好详细记录,导致误操作	操作记录	1. 发令完毕且现场复诵正确后应记录发令时间。 2. 现场汇报操作完毕且调度员复诵正确后应记录执行完毕时间		
2.6.26	操作监护	操作时失去监护,导致误操作	监护操作	1. 操作应有人监护。 2. 监护人应有监护资格		
2.6.27	复役操作	工作未全部结束即进行复役操作,导致带地线合闸等恶性误操作	全部完工后复役操作	1. 核对所有相关的检修工作全部完工、临时安全措施全部拆除、检修工作人员已全部撤离现场、设备具备带电条件、特殊送电要求及配合操作要求已核实无误。 2. 操作前核对设备状态		
2.6.28	操作后核对	操作完毕后未及时修正调度大屏(模拟盘)、核对 EMS 及调度日志的设备状态,下一值调度员不能正确掌握设备状态,导致误操作	操作后核对状态记录	1. 操作执行完毕后应及时核对一、二次设备状态。 2. 校正调度大屏(模拟盘)。 3. 核对 EMS 画面的设备状态。 4. 核对调度日志记录的设备状态。 5. 核对相关安全自动装置的状态		

序号	辨识项目	辨识内容	辨识要点	典型控制措施	案例	修编依据
2.7	**调度运行故障及异常处理**					
2.7.1	故障信息收集与判断	未及时全面掌握异常或故障信息，导致故障处置时误判断、误下令	掌握信息、准确判断	1. 仔细询问现场设备状态、运行方式、保护及自动装置动作情况。 2. 在未能及时全面了解情况前，应先简要了解故障或异常发生的情况，及时做好应对措施和对系统影响的初步分析。 3. 故障处置时应进一步全面了解故障或异常情况，核对相关信息	案例55、案例63	
2.7.2		异常或故障处置时，未及时全面掌握当地天气和相关负荷性质等情况，导致故障处置不准确	关注天气和负荷	1. 应及时了解故障地点的天气情况。 2. 应了解相关损失或拉路负荷的性质		
2.7.3		在处理电网发生故障或异常时，不清楚现场运行方式，盲目处理，导致误操作或故障扩大	核对现场，故障时掌握电网运行方式	1. 仔细询问现场设备状态、运行方式及保护动作情况。 2. 根据已掌握的信息和分析，按故障处置原则进行故障处置。 3. 随时掌握故障处置进程及电网运行方式变化	案例56、案例59	
2.7.4	故障的配合处理	故障范围属于上级或下级调度操作范围，未及时汇报或未及时配合处理，导致故障扩大	设备管辖范围	1. 准确掌握各级调度操作管辖范围。 2. 按设备管辖范围及时汇报上级调度。 3. 根据故障处置需要进行协助、配合故障调查处理	案例65、案例79	
2.7.5	事故预想及故障应急处置方案	未根据负荷变化、气候、季节及现场设备检修情况等做好事故预想，故障应急处置方案不熟悉，导致系统发生故障时不能正确应对，造成误下令或故障扩大	做好事故预想，熟悉故障应急处置方案	1. 应根据负荷、天气等变化，做好当班事故预想及危险点分析。 2. 熟练掌握各种故障的处理预案	案例44～案例47	

序号	辨识项目	辨识内容	辨识要点	典型控制措施	案例	修编依据
2.7.6	故障处置时稳定控制	故障方式下电网稳定限额控制要求不清楚，未及时调控电网潮流（电压），导致故障扩大	故障后稳定限额控制	1. 熟悉典型故障方式下的稳定控制要求。 2. 及时调整有关线路及断面潮流		
2.7.7	及时调整继电保护运行定值、状态及安全自动装置控制策略、动作定值	对故障情况下继电保护、安全自动装置调整原则不熟悉，未及时根据故障后运行方式调整继电保护、安全自动装置，导致安全自动装置动作引起故障扩大	熟悉继电保护、安全自动装置调整原则	1. 熟悉各种故障方式下继电保护及安全自动装置调整原则。 2. 及时根据故障后运行方式调整有关继电保护运行定值及状态以及安全自动装置控制策略、动作定值		依据《电网调度机构反违章指南（2022年版）》第109条修订
2.7.8	拉限电	异常或故障处置时，拉限电力度不够或在错误的地方拉限电，造成线路或断面潮流持续越限，引起故障扩大	下达拉限电指令及时、正确	1. 熟悉电网潮流转移情况和潮流走向。 2. 拉限电应及时、正确、有效。 3. 拉限电应按照本级人民政府批准的拉限电方案执行。 4. 动态优化事故限电序位表，扩大非民生负荷措施量		依据《电网调度管理条例》和国调传文〔2022〕46号《国调中心关于印发2022年调度运行专业重点工作任务安排的通知》修订
2.7.9	故障紧急停机	异常或故障处置时，错误发布故障紧急停机组指令，造成线路或断面潮流持续越限，引起故障扩大	下达故障紧急停机指令及时、正确	1. 熟悉电网潮流转移情况和潮流走向。 2. 下达故障紧急停机指令应正确、及时		
2.7.10	特殊接线、特殊设备的操作要求	异常或故障处置时，恢复方案没有考虑特殊接线、特殊设备等对操作的特殊要求，导致误下令或故障扩大	特殊接线、特殊设备	熟悉电网中的特殊接线方式、特殊设备及操作的特殊要求	案例60	
2.7.11	故障处置操作的规范性	异常或故障处置时，下令不准确，导致误下令或故障扩大	故障处置步骤的正确性	1. 操作步骤正确。 2. 下发口头操作指令前，应慎重考虑操作令的准确性及操作结果。 3. 必要时应拟写正式口令操作指令票		

序号	辨识项目	辨识内容	辨识要点	典型控制措施	案例	修编依据
2.7.12	故障处置原则的熟悉程度	异常或故障处置时，对系统频率异常、电压异常、系统振荡、联络线和联络变多重故障、系统解列等故障的处理原则不熟悉，导致误下令或电网故障扩大	熟悉调度规程中各种故障处置的原则	1. 熟练掌握系统频率异常、电压异常、系统振荡、联络线和联络变多重故障、系统解列等异常与故障处置原则。 2. 尽快隔离故障点，消除故障根源。 3. 送电前应判明保护动作情况了解故障范围。 4. 尽可能保持设备继续运行，保证对用户连续供电。 5. 尽快恢复对已停电用户的供电，特别是厂用电和重要用户的保安电源。 6. 调整运行方式，使系统恢复正常	案例 57、案例 58、案例 61、案例 62、案例 64	
2.7.13	故障处置时的现场环境	故障处置时嘈杂的现场环境不利于当班调度员的故障处置，造成误调度、误操作	故障处置时调度现场保持良好的环境	1. 故障处置时除有关领导和专业人员外，其他人员均应迅速离开调度现场。必要时值班调度员可以邀请其他有关专业人员到调度现场协助解决有关问题。凡在调度现场的人员都要保持肃静。 2. 排除非故障单位的干扰，以免影响故障处置		
2.8	**新设备启动**					
2.8.1	启动前设备命名	新设备启动前没有及时进行设备编号命名，或命名重复、混淆，导致误操作	检查新设备命名	1. 提前做好设备编号的命名工作。 2. 命名不重复、不容易混淆。 3. 检查相关厂站接线图纸、明确新设备调度管辖范围更新		
2.8.2	启动前 EMS、DMS 及调度大屏（模拟盘）更新	新设备启动前 EMS、DMS 及调度大屏（模拟盘）未及时更新，导致调度员对启动时电网接线方式不清楚，造成误操作	及时检查输、配电网接线图更新情况	及时做好 EMS、DMS 系统及调度大屏（模拟盘）电网接线图和站内电气接线图的更新核对		

序号	辨识项目	辨识内容	辨识要点	典型控制措施	案例	修编依据
2.8.3	参加调度启动交底会	调度员没有参加新设备启动前的交底，导致对启动流程不能全面了解，造成误操作	参加新设备启动交底	1. 调度员应参加新设备启动前的交底会。 2. 调度员应熟悉启动方案，启动方案要提交启动委员会审核通过，明确启动时间、应急预案及其他注意事项，做好上下级调度及设备运维等相关单位的沟通。 3. 调度员全面掌握启动流程、一次方式变化及保护配合等		依据《电网调度机构反违章指南（2022年版）》第105条修订第2点
2.8.4	启动前核对启动条件	新设备启动前未仔细核对待启动设备状态，或该设备没有完全具备启动条件就开始启动操作，导致误操作	核对启动送电条件	1. 联系所有相关单位确认待启动设备具备启动送电条件。 2. 仔细核对现场设备状态与启动方案中的启动条件一致。 3. 核对新设备投运手续是否齐全		
2.9	**调度持证上岗**					
2.9.1	调控运行人员持证上岗	调控运行人员未取得上岗证参与值班，接受、执行或下达指令，严重影响电网安全运行	调控运行人员具备上岗证	1. 调控运行人员在取得上岗证后，方能开展相关业务。 2. 组织调控人员参加持证上岗考试，取得上岗资格		
2.9.2	调度对象持证上岗	调度对象未取得上岗证参与值班，接受指令，严重影响电网安全运行	调控对象具备上岗证	1. 调度对象在取得上岗证后，方能开展相关业务。 2. 组织针对调度对象的持证上岗培训，开展上岗证考试及证书发放和管理工作		

序号	辨识项目	辨识内容	辨识要点	典型控制措施	案例	修编依据
2.10	**备调管理**					
2.10.1	备调人员业务能力	备调值班人员长期离开调度岗位，不熟悉主调电网情况，无法对电网安全运行正确调度	上岗培训	1. 备调值班人员必须经过主调现场及调度室学习和培训实习，并经过考试合格、履行批准手续后方可正式值班，并书面通知各有关单位。 2. 备调值班人员离岗 1 个月以上者，应跟班 1～3 天熟悉情况后方可正式值班。 3. 备调值班人员离岗 3 个月以上者，应重新熟悉设备和系统运行方式，并经安全规程及业务考试合格后，方可重新开展调度运行工作。 4. 备调值班人员每半年到主调现场熟悉电网调度各项工作。 5. 必须通过主调系统性的仿真培训，熟悉各类故障、异常的处理		
2.10.2	备调日志	备调日志未能真实、完整、清楚记录主调电网运行情况，导致误操作、误调度	备调日志正确记录	1. 备调日志应包含：当班检修和操作记录、电网异常和故障情况、开停机记录、发用电计划调整记录、运行记事、当前系统运行方式、保护及安全稳定控制装置变更调整等。 2. 备调日志内容要真实、完整、清楚，记录的问题和设备状态符合实际		
2.10.3	主调交班准备	主调没有认真检查各项记录的正确性，导致交班时未能正确交待电网运行方式，造成下值误操作、误调度	交班正确	1. 主调检查调度日志记录（含设备状态）、操作指令票记录（含 EMS 系统设备状态校正）、检修工作票记录、继电保护定值单记录等正确。 2. 检查有关系统中稳定控制限额设置正确		

序号	辨识项目	辨识内容	辨识要点	典型控制措施	案例	修编依据
2.10.4	备调接班准备	备调未按规定提前到岗，仓促接班，未经许可私自换班，未能提前掌握电网运行情况，对交班内容错误理解、不能及时发现问题，造成误操作、误调度	接班准备充分	1. 备调接班值按规定提前 15min 到岗，在极端天气、电网故障、重大操作、重要保电等特殊情况下，原则上接班调度员应提前 30min 到岗熟悉电网运行情况。 2. 加强值班考勤管理，严禁私自换班，一般情况下不允许值班人员连续值班。 3. 全面查看调度日志、检修工作申请票、调度操作指令票等交班内容。 4. 查看最新运行规定、运行资料和上一班准备的材料,如危险点分析、事故预想等。 5. 核对主备调调度自动化系统相关电网运行信息一致、调度录音电话系统运行正常		
2.10.5	主备调交接班过程	交接班人员不全就进行交接班，交接班过程仓促，运行方式、检修工作、电网异常和当班联系的工作等交接不清，导致接班值不能完全掌握电网运行情况，造成误操作、误调度	交接清楚电网运行情况	1. 交接班人员不全不得进行交接班。 2. 主调向备调详细说明当前系统运行方式、机组运行情况、检修设备、系统负荷、计划工作、运行原则、正在进行的电气操作、故障处置进程、存在的问题等内容及其他重点事项,交接班由交班值调度长（正、主值）主持进行，同值调度员可进行补充。 3. 备调理解和掌握交班值所交待的电网情况，特别关注非正常运行方式。 4. 交班值须待接班值全体人员没有疑问后，方可完成交班。 5. 主备调交接班期间发生电网故障时，应终止交接班，由交班值进行故障处置，待处理告一段落，方可继续交接班。 6. 主调遇重大方式调整、重要保电活动等有特殊运行、保电要求时，应向备调特别提出并提供故障应急处置方案、保电方案等资料		

序号	辨识项目	辨识内容	辨识要点	典型控制措施	案例	修编依据
2.10.6	资料管理	主调资料出现遗漏、错误、更新不及时等情况,影响电网安全运行	主调资料完整性、及时性	1. 制定备调资料清单,主调按要求提供完备的资料。 2. 制定备调资料更新周期表,按时更新资料。 3. 对于联系人、通信方式等经常变化的内容,备调与主调同步更新		
2.10.7	备调综合转换演练	未按规定期限进行主备调综合转换演练或演练未达到规定要求	定期开展备调综合转换演练	1. 建立主备调定期切换演练机制,同城备调每季度应组织一次电网调度指挥权转移至同城第二值班场所的应急演练或同步值守演练;异地备调每年应组织一次电网调度指挥权转移至异地值班场所的应急演练或同步值守演练。 2. 编制切换演练方案、措施齐备。 3. 综合转换演练过程规范手续齐备、记录完整		依据调技〔2021〕35 号《国家电网有限公司调度机构备用调度运行管理工作规定》附件一第 38 条、附件二第 44 条修订
3	调度计划					
3.1	检修计划					
3.1.1	中长期检修计划	未定期编制发、输、变电设备检修计划,检修计划安排不当,造成电网和用户设备重复停电	统筹考虑,合理编制检修计划	1. 按年(季)、月编制基建、技改、市政、常规检修综合检修计划。 2. 按照变电结合线路、二次结合一次、生产结合基建、电网结合用户的原则,优化检修工作方案,避免设备重复停电。 3. 设备检修计划应结合年度基建、技改、市政、用户及生产计划,统筹考虑各工作间的配合关系。 4. 检修计划安排应协调有关设备运行单位,统筹考虑各运行单位的配合关系。 5. 结合输变电设备检修计划安排机组检修计划	案例 81、案例 83、案例 85	

序号	辨识项目	辨识内容	辨识要点	典型控制措施	案例	修编依据
3.1.2	中长期检修计划平衡	未组织相关单位、部门对检修计划的必要性、合理性及检修工作的工期和施工方法等进行审核平衡，未对下级调度或分支机构上报的检修计划进行审核，造成检修计划安排不当，影响供电可靠性	认真审核检修计划	1. 健全"月分析、周评估、日会商"协调工作机制，定期召开检修计划平衡会，设备部、建设部、营销部等相关部门审核检修计划的必要性、工期合理性和停送电特殊要求。 2. 对本级调度和分支机构的检修计划认真审核把关，进行统筹平衡。 3. 了解施工方案，提出合理建议，提前考虑后期送电准备工作。 4. 提前考虑节假日和重大活动保电工作，合理安排检修计划，保障供电可靠性	案例88	
3.1.3	周检修计划	未结合电网运行情况、现场施工进度及天气情况编制周检修计划，造成检修计划变动安排仓促、不合理，影响供电可靠性	建立周检修计划编制制度	1. 及时了解现场前期准备、政策处理、施工进度等情况，提前了解月度计划可能变动项目。 2. 汇总平衡本级调度和下级调度或分支机构周计划，按时向上级调度报送周计划。 3. 结合电网运行情况、临时保电工作，调整检修计划安排。 4. 协调有关设备运行单位，统筹考虑各运行单位的配合关系	案例82	
3.1.4	短期检修计划	在网络拓扑或电网用电负荷发生较大变化时，未及时调整发、输、变电设备检修计划，或临时检修计划安排不当，导致电网结构削弱或备用容量不足	全网及区域安全裕度是否充足	1. 及时掌握电网运行变化情况，在负荷突增或大机组非计划停役时，合理安排发、输、变电检修计划，确保有足够备用容量机组可调用。 2. 综合考虑局部区域电网受电能力、受电通道检修计划及区域内用电负荷变化情况，合理安排区域内发电机组检修计划，留足旋转备用容量	案例86	

序号	辨识项目	辨识内容	辨识要点	典型控制措施	案例	修编依据
3.1.5	非计划检修	未经公司领导及相关部门审批擅自批准非计划检修，或未经过再次统筹平衡随意安排非计划检修，造成电网供电可靠性降低	严格执行非计划公司领导审批制度	1. 建立非计划审批流程，严格执行书面审批制度。 2. 对已批准的非计划检修认真审核，统筹考虑与月度计划的配合关系。 3. 及时将变更后的检修计划及情况说明上报上级调度	案例80、案例84	
3.1.6	一、二次方式的协调	线路检修未考虑对相关二次设备的影响，造成通信、自动化或安全自动装置通道中断，甚至导致其他运行线路的保护停运，二次设备检修未考虑对一次设备的影响，造成一次设备停运	一、二次设备检修协调机制	1. 线路停电应考虑对二次设备运行的影响。 2. 二次设备停电应考虑对一次设备运行的影响。 3. 一、二次专业共同会审，制订检修方案。 4. 一、二次检修计划应相互协调安排		
3.1.7	检修计划变更	申报单位对已批准的检修计划进行变更后，未重新认真审核平衡，未认真把关上报，造成本级或上级调度检修计划安排不合理	建立检修计划变更审批流程	1. 检修计划一经批准，无特殊理由不得随意更改。 2. 建立检修计划变更审批流程，严格执行书面审批制度。 3. 对变更后的检修计划认真审核，重新统筹平衡。 4. 及时将变更后的检修计划及情况说明上报上级调度	案例84	
3.1.8	检修计划安全校核	未经安全校核，擅自安排检修计划，影响电网安全稳定运行和可靠供电	建立检修计划安全校核机制	所有的检修计划均应经安全校核，对检修计划风险进行评估，必要时发布风险预警通知		
3.2	**检修申请单**					
3.2.1	检修申请单接收与申报	未按照规定时间要求和管辖范围规定填报或转报检修申请单，造成误报漏报，影响检修计划安排	严格执行检修申请单接收申报审核流程	1. 明确检修申请上报时间，并按要求报送。 2. 核对是否列入月度、周检修计划。 3. 定期组织对检修计划申报人员的培训		

序号	辨识项目	辨识内容	辨识要点	典型控制措施	案例	修编依据
3.2.2	使用术语	检修申请单未使用统一的调度术语和操作术语，导致调度误操作、设备误停电	使用统一调度术语和操作术语	1. 审核检修申请单是否按照检修申请申报规范要求使用术语，对不合规范的要求退单重报。 2. 签批检修申请单时设备名称、设备状态变化应使用统一调度术语和操作术语，避免歧义		
3.2.3	设备名称	检修申请单设备名称不正确，导致调度误操作、设备误停电	使用正确设备名称	1. 建立检修申请单设备库，并及时维护。 2. 对照检修计划审核检修申请单设备名称填报正确性。 3. 检修申请单签批的运行方式安排应使用双重编号，设备名称应与调度命名编号一致		
3.2.4	设备状态和停电范围	签批的设备状态和停电范围不明确，工作内容有歧义，导致调度误操作、设备误停电	明确设备状态要求和停电范围	1. 与申报单位核对申请设备工作期间的状态要求。 2. 与申报单位核对申请工作需要的停电范围、保护、通信等专业要求。 3. 与申报单位核对工作结束后设备状态要求		
3.2.5	工作内容和复役要求	未审核发现工作内容与停电范围不对应、工作内容与复役要求不对应，导致设备误停电或影响人身安全，造成恢复送电方案不正确、漏项	认真审核工作内容和复役要求	1. 对工作内容不明确或存疑之处与申报单位核对确认。 2. 与申报单位核对工作结束后复役要求，并根据其提供的试验方案编写送电方案。 3. 对主设备型号参数等变更，应同步提交设备变更说明材料		
3.2.6	停电公告	未发布停电公告或停电公告发布不完整、时间不准确，未通知专线或双电源用户做好停电准备，导致误停电	严格执行停电公告管理办法	1. 签批申请时认真核对公告停电范围和时间。 2. 与营销部相关人员核对通知专线或双电源用户停电事宜		

序号	辨识项目	辨识内容	辨识要点	典型控制措施	案例	修编依据
3.2.7	配网单线图核对	审批检修申请单时未核对单线图,对单线图有疑问或发现错误时,未向配电运检单位询问或退回,导致方式安排错误或影响人身安全	强化配网单线图接线变更审核	1. 审批检修申请单时认真核对单线图。 2. 对单线图有疑问或发现错误时,及时向配电运检单位询问或退回重新编辑。 3. 确保现场工作涉及的配网线路及设备变更与单线图一致后,完成审核流转		
3.2.8	上下级协同	与上下级调度或分支机构签批申请时沟通不够,方式安排出现断层,导致设备误停电或影响人身安全	加强上下级调度申请签批的配合	1. 按照"下级服从上级、局部服从整体"的原则,确保上下级调度设备检修计划协调配合,避免高、低压电网设备重叠停电。 2. 签批申请时加强与下级调度或分支机构的沟通,在保证本级电网可靠性的同时,兼顾下级电网方式调整的可行性和合理性。 3. 关注已申报检修申请的签批内容,主动与上级调度沟通汇报		
3.2.9	运行方式变更	工作申请票签批的电网运行方式变更不明确,导致调度误操作、设备误停电	明确电网方式变更意见	1. 与申报单位核对检修工作前的设备运行状态,核对检修工作前的电网运行方式。 2. 明确运行方式变更意见		
3.2.10	多重检修的安排	局部电网内、同一输电通道上安排了多重检修工作,或同时安排了检修与新设备启动,电网运行方式薄弱,导致重大安全隐患,如:局部电网与主网联系薄弱,存在 3 个以上变电站同时停电风险;局部电网供电能力不足,存在变电站全停风险,相邻变电站母线工作,存在事故扩大风险	检修项目的协调机制	1. 严把电网安全校核关。 2. 避免可能导致变电站全停风险的检修方式安排。 3. 避免可能导致 3 个及以上 220kV 变电站同时停电风险的检修方式安排。 4. 同一地区电网尽可能不安排 2 回及以上联络线同时检修。 5. 同一断面尽可能不安排 2 个及以上元件同时检修。 6. 局部电网内、同一输电通道上的检修工作与新设备启动错开安排。 7. 相邻变电站母线工作错开安排。 8. 检修项目的工期控制。 9. 应避免电磁环网通道中不同电压等级的设备同时停电		

序号	辨识项目	辨识内容	辨识要点	典型控制措施	案例	修编依据
3.2.11	方式安排调整	工作申请票签批流程结束后，或在签批的最后环节，调整了方式安排，不重新履行签批流程	严格执行批复流程	1. 对各专业批注意见有疑问时，必须与相关人员核实。 2. 严格执行批复流程，后续环节对已经签批的方式做调整，应重新履行批复流程。 3. 严禁越权自批申请		
3.2.12	申请单延改期	申请单延改期后，未统筹考虑调整方式安排或未重新履行签批流程	严格执行申请单延改期流程	1. 申请单延改期后，重新履行批复流程。 2. 根据现场情况变化考虑对已经签批的方式重新调整，统筹优化后续检修计划		
3.3	**发用电计划**					
3.3.1	电网负荷预测	负荷预测不准确，日电能调度计划偏差大，机组出力调整幅度大，开停机频繁，导致电网运行不稳定	电网负荷预测准确率	1. 跟踪天气变化。 2. 研究负荷与气温、降雨等天气要素变化的关系。 3. 跟踪各类别、各地区的发、用电变化，重点关注大用户的用电趋势。 4. 充分考虑电网检修、非统调并网光伏、节假日及重大活动对负荷的影响		
3.3.2	母线负荷预测	母线负荷预测不准确，导致电网安全校核不准确	提高母线负荷预测准确率	1. 掌握系统主要节点母线负荷的构成和变化规律。 2. 与电网负荷预测结果相互印证，提高母线负荷预测精度		
3.3.3	机组状态跟踪	因发电机组计划状态与现场设备实际情况不符，导致日电能计划无法执行	跟踪发电机组状态	时刻关注检修计划、调度日志记录和EMS 系统中发电机组状态信息		
3.3.4	发电能力预测	因火电燃煤及天然气不足和出力受限、水电机组出力受阻或风电等新能源预测偏差较大，水、火电机组开机方式安排不当，导致电网备用不足	核对电煤库存和机组影响出力、水电发电能力，深入开展风电功率预测	1. 核对机组影响出力，跟踪火电厂燃煤库存和天然气供应情况。 2. 跟踪水情变化，核对水电厂可调出力和可调发电量。 3. 做好风电等新能源电厂的功率预测工作	案例 92	

序号	辨识项目	辨识内容	辨识要点	典型控制措施	案例	修编依据
3.3.5	电力电量平衡	因发电能力预测、用电负荷预测、检修计划安排、省际交易计划不协调，导致电网各类型发电计划安排不当，或备用容量不足，增加电网运行风险	发电计划与电网检修计划配合	1. 协调安排发电机组检修计划、启停安排与电网检修计划。 2. 发电机组检修计划、启停安排与电网检修计划的安排应经过安全校核。 3. 核对机组状态，实时掌握机组的运行工况	案例92	
3.3.6	旋转备用计划	因备用容量留取不足，或备用机组安排不合理，导致备用容量无法调用，导致系统备用不足	旋转备用管理	1. 电网正负旋转备用应满足要求。 2. 旋转备用容量分配落实到具体机组。 3. 分析地区电网的电力平衡。 4. 及时调整机组启停计划，申请联络线功率调整		
3.3.7	安全校核	日电能计划未经安全校核，或安全校核不准确，导致实际执行时电网潮流越限	进行日计划的安全校核	1. 掌握电网发、输、变电设备检修计划。 2. 提高母线负荷预测准确率。 3. 根据安全校核结果，调整相关机组出力		
3.4	**计划执行**					
3.4.1	计划协调	日调度计划未经上下级调度协调，导致关联电网电力电量平衡或稳定控制受到影响，调度计划无法实施	强化日计划协调机制	1. 严格执行许可设备和委托调度设备的管理制度。 2. 加强网间、省际电力电量平衡互济的协调		
3.4.2	计划审批	日计划未经审批即交调度执行，导致危险点未及时发现，导致发用电不平衡或计划无法实施	严格执行日计划审批流程	1. 月度计划编制完成后要及时申报流转日检修计划和发用电计划，确保足够的审批时间。 2. 审批人员要认真审批调度计划。 3. 调度员严格把关，只执行审批后的调度计划		
3.4.3	日内安全校核	日计划调整或电网网络拓扑结构改变后，为进行安全校核，造成计划执行时出现断面潮流越限或系统备用不足等电网安全隐患	严格执行日内安全校核流程	水库来水情况、电网负荷需求及省际交换计划发生较大变化后，需对日计划进行调整，并重新进行安全校核计算，提出新的危险点预警		

序号	辨识项目	辨识内容	辨识要点	典型控制措施	案例	修编依据
4	**系统运行**					
4.1	**参数管理**					
4.1.1	原始参数收集	电网设备参数不完整、数据不准确，导致电网分析结果不正确	核对设备参数	1. 按标准规范核对设备原始参数报送资料。 2. 建立数据更新规范，结合新设备投运和电网检修、负荷分布的变化情况及时更新、维护计算数据，提高仿真计算的精确性		依据《电网调度机构反违章指南（2022年版）》第107条修订第2点
4.1.2		应使用实测参数的电网设备参数未使用实测参数，导致电网分析结果不准确	把好设备参数实测关，及时用实测参数更新数据库	1. 明确应进行参数实测的电网设备范围。 2. 督促设备运维单位开展参数实测，并及时报送正式的实测数据。 3. 及时用实测参数更新数据库		
4.1.3		大机组未使用建模试验、实测数据，导致计算分析不正确	把好大机组建模、实测试验关	1. 明确应进行建模、实测试验的大机组范围。 2. 督促电厂及时开展机组建模、实测试验，并及时报送正式的试验报告。 3. 及时用建模、实测参数更新数据库		
4.1.4		除直流联网外，未收集区外电网模型参数，电网计算分析不完整	收集区外电网模型参数	1. 制定统一参数表格模板，以便于参数收集工作和上下级之间参数的报送和转发。 2. 建立和使用交流互联电网计算数据平台		
4.1.5	参数库管理	参数库信息不能满足电网运行、计算、分析需要，导致电网计算分析无法开展	建立完备的参数库信息，满足电网计算分析要求	1. 根据电网计算、分析需要，建立完整的参数库结构。 2. 设备参数应集中、入库管理		
4.1.6		参数库设备原始参数有误，导致稳定限额计算错误	核对设备原始参数	审核下级调度和运行单位上报的原始参数		

序号	辨识项目	辨识内容	辨识要点	典型控制措施	案例	修编依据
4.1.7	参数库管理	计算参数折算有误，导致稳定限额计算错误	参数折算与复核	1. 应用正确的公式进行参数折算。 2. 参数折算后应进行复核		
4.1.8		未及时更新计算参数，造成稳定限额计算错误	及时更新参数库	结合新设备投运及时更新、维护参数库		
4.1.9		离线参数、在线参数不一致造成计算结果有偏差	及时更新在线系统相关参数	结合新设备投运及时通知自动化人员更新、维护调度相关在线系统的参数		
4.2	稳定计算					
4.2.1	稳定计算内容	未进行电网潮流计算分析，未能及时发现电网运行危险点，导致电网稳定破坏及设备损坏、减供负荷达到国务院599号令《电力安全事故应急处置和调查处理条例》所列事故标准	进行潮流计算分析	1. 针对所辖电网年度、夏季、冬季方式和部分过渡期等方式进行潮流分析。 2. 针对所辖电网月度和周计划检修方式进行潮流分析。 3. 针对所辖电网日前检修方式进行潮流分析。 4. 针对事故预想和特殊方式进行潮流分析。 5. 应用 EMS 和在线安全分析系统进行实时潮流计算分析		
4.2.2		未进行电网暂态稳定计算，不能及时发现问题，导致电网稳定破坏	进行暂态稳定计算，根据运行需求选择合适计算频度	1. 针对所辖电网年度、夏季、冬季方式和部分过渡期等方式进行暂态稳定分析。 2. 针对所辖电网月度和周计划检修方式进行暂态稳定分析。 3. 针对所辖电网日前检修方式进行暂态稳定分析。 4. 针对事故预想和特殊方式进行暂态稳定分析。 5. 进行实时暂态稳定计算分析		

序号	辨识项目	辨识内容	辨识要点	典型控制措施	案例	修编依据
4.2.3	稳定计算内容	未进行短路电流计算,不能及时发现短路电流超标问题,导致电网事故范围扩大	进行短路电流计算及校核	1. 针对年度、夏季、冬季基建投产计划进行一次电网大方式短路电流计算。 2. 结合新设备投产电网运行方式调整跟踪分析电网短路电流。 3. 动态开展在线短路电流计算。 4. 提出应对短路电流超标的措施及建议		
4.2.4		未进行小扰动动态稳定计算,没有发现弱阻尼或负阻尼小扰动模式,导致系统发生振荡	进行小扰动动态稳定计算	每年应对所辖电网进行动态稳定计算分析,对发现问题提出应对解决方案和措施		
4.2.5		未进行电压稳定计算,不能及时发现电压运行薄弱点,导致电网电压失稳	进行电压稳定计算	1. 根据电网特点,从丰枯、峰谷、节假日等多方位、多角度对所辖电网进行电压稳定计算分析,提出针对性调压措施。 2. 针对电网运行方式重大调整、检修,及时进行电压计算分析		
4.2.6		未进行频率稳定计算,未合理制定弱联络断面稳定限额,导致 $N-1$ 后局部电网频率失稳	进行频率稳定计算	根据开机情况、负荷特性等对存在孤网运行风险的局部电网进行频率稳定计算		
4.2.7	稳定计算边界条件	计算文件中使用的网络拓扑、节点负荷分布等不准确,导致稳定限额错误或减供负荷计算不准确	计算文件使用的网络拓扑正确、节点负荷分布准确	1. 加强计算参数管理,收集新设备启动计划,滚动更新计算参数库和计算文件中的网络拓扑。 2. 及时掌握电网设备停电方式,更新计算文件中的网络拓扑。 3. 加强各节点负荷分布、母线负荷预测管理		

序号	辨识项目	辨识内容	辨识要点	典型控制措施	案例	修编依据
4.2.8		未针对实际运行方式，而是套用以往的分析结论或仅凭经验，给出电网运行方式的控制原则，导致稳定限额错误	采用实际运行方式计算	1. 掌握一、二次运行方式，与现场核对设备状态、母线及中性点运行方式。 2. 掌握负荷水平和开机方式。 3. 周全考虑运行方式，严格执行计算分析流程，避免主观臆断。 4. 核对 TA（CT）、开关、隔离开关（又称刀闸）等关键设备额定通流能力。 5. 加强审核把关，确保分析结论科学合理		
4.2.9		电网稳定计算时，运行方式考虑不周全，导致稳定限额错误	运行方式考虑周全	1. 对正常运行方式进行计算分析。 2. 对检修方式进行计算分析。 3. 对特殊运行方式进行计算分析	案例89～案例91	
4.2.10	稳定计算边界条件	潮流故障集选取不完整、不准确，导致热稳定计算结果不正确	潮流计算故障集选取完整	进行全网扫描计算，对母线、线路、变压器和发电机组的 $N-1$ 进行计算分析，年度计算还需要考虑同杆线路 $N-2$，避免漏算		
4.2.11		暂态故障集选取不完整、不准确，导致暂态稳定计算结果不正确	暂态计算故障集选取完整	进行全网扫描计算，对所辖电网的输电线路和枢纽变电站母线三相永久故障、同杆并架线路异名相故障、单回联络线单相瞬时故障和受端系统中容量最大机组掉闸等故障下的暂态稳定水平进行校核，避免遗漏严重故障		
4.2.12		电压稳定计算故障集选取不完整、不准确，导致电网电压计算结果不正确	电压计算故障集选取完整	1. 对所辖电网正常方式及 $N-1$ 方式进行静态电压稳定裕度分析。 2. 对所辖局部区域电网中的发电厂全停进行静态电压稳定分析		
4.2.13		模型、参数选用不正确，导致稳定计算结果不正确	模型、参数选用	1. 正确选用模型。 2. 正确选用参数		

序号	辨识项目	辨识内容	辨识要点	典型控制措施	案例	修编依据
4.2.14	稳定计算准确性	未将潮流仿真结果与实时潮流分布比较，导致稳定限额计算错误	核对潮流仿真准确性	1. 比较潮流仿真结果与实时潮流，寻找偏差。 2. 从拓扑结构、开机方式、负荷分布、设备参数、外网结构等方面分析存在偏差原因，尽量消除潮流仿真偏差		
4.2.15		未将暂态过程仿真结果与实时暂态过程比较，导致稳定限额计算错误	核对暂态仿真准确性	1. 比较暂态仿真结果与WAMS记录的暂态过程，寻找偏差。 2. 从模型参数、故障设置等方面分析存在误差原因，尽量消除暂态仿真误差		
4.2.16		未将动态过程仿真结果与实时动态过程比较，导致稳定限额计算错误	核对动态仿真准确性	1. 比较动态时域仿真结果与WAMS记录的动态过程，寻找偏差。 2. 从模型参数等方面分析存在误差原因，尽量消除动态仿真偏差		
4.2.17		未将电压稳定计算结果与实际运行电压比较，导致电网电压计算错误	核对电压稳定计算准确性	1. 比较电压稳定计算结果与实际运行电压，寻找偏差。 2. 从拓扑结构、开机方式、负荷分布、设备参数、外网结构等方面分析存在偏差的原因，尽量消除潮流仿真偏差		
4.2.18	稳定计算及时	稳定计算不及时，电网运行问题不能及时发现，导致电网事故	及时跟踪计算稳定限额	紧密结合当前电网运行方式,及时跟踪计算,动态调整电网运行控制原则、策略		
4.2.19	稳定控制措施	未制定控制措施或控制措施不正确，电网运行失去监控目标，导致电网事故	制定稳定控制策略	1. 分析稳定计算结果，发现电网运行薄弱点。 2. 制定完整准确合理的稳定控制措施。 3. 及时下达电网控制措施和限值		

序号	辨识项目	辨识内容	辨识要点	典型控制措施	案例	修编依据
4.3	**安全自动装置**					
4.3.1		未对安全自动装置配置进行专题计算分析,安全自动装置配置不能满足 GB 38755—2019《电力系统安全稳定导则》要求	装置配置方案分析	应在新设备投产前进行专题分析,并在专题计算分析的基础上,确定安全自动装置的控制策略和功能要求,拟定安全自动装置技术要求		
4.3.2		安全自动装置实施前未进行设计审查,设计方案及控制策略不能满足技术规程及计算要求	装置配置方案设计审查	安全自动装置的方案应经审查		
4.3.3		未对所辖电网可能出现无功功率缺额的地区装设自动低压减负荷装置,导致电网发生电压崩溃	制定自动低压减负荷方案	对可能出现无功功率缺额的地区电网进行分析,研究制定自动低压减负荷配置方案		
4.3.4	装置设计审查	未对所辖电网安排足够的自动低频减负荷容量,导致电网发生频率崩溃	制定自动低频减负荷方案	1. 按照上级调度安排,计算分配所辖电网的自动低频减负荷容量(包括全网及可能孤立运行的局部地区)。 2. 定期开展装置运行情况、实际控制负荷量、实际负荷控制率统计分析。 3. 重大节日前后,核对减负荷量及实际负荷控制率的变化,是否满足电网要求		
4.3.5		安全自动装置通道不可靠,导致装置误动或拒动	规范通道设计	执行规程标准,对需要通信的双套装置应具有两条不同路由的命令传输通道		
4.3.6		安全自动装置无故障跳闸判据不完善,运行中误判导致安全自动装置不正确动作	安全自动装置判据	宜在线路双侧同时配置安控装置,结合双侧开关量判定无故障跳闸;对于对侧未配置安控装置的,判定对侧无故障跳闸需设置电气量防误判据		依据 Q/GDW 11356—2022《电网安全自动装置标准化设计规范》第 6.2.3 条修订

序号	辨识项目	辨识内容	辨识要点	典型控制措施	案例	修编依据
4.3.7	装置功能及控制策略验收和调试	安全自动装置出厂未进行验收、安装结束后未进行调试，装置功能及控制策略达不到设计要求	装置验收调试	1. 出厂前，组织装置设计、运行及施工承包方、出资方等相关单位进行装置出厂验收。 2. 出厂验收完成后，应及时联系系统保护实验室或省级电科院开展安控装置工程验证试验。 3. 安装后，组织现场验收试验，记录试验数据，拟写试验报告。 4. 涉及多个厂站的区域稳定控制系统，应组织系统联调		依据国家电网调〔2022〕496号《国家电网有限公司关于印发防止安全稳定控制系统事故措施的通知》第5.3.3条修订第2点
4.3.8		未制定安全自动装置运行管理规定，导致装置误投停	制定运行规定	制定下达安全自动装置运行管理规定		
4.3.9		未督促运行单位制定现场运行规程，导致装置误投停	制定现场运行规定	督促装置运行单位根据调控机构下达的安全自动装置运行管理规定和定值单，制定安全自动装置现场规定		
4.3.10		安全自动装置改造后，运行规定和运行说明未及时更新，导致装置运行错误	及时更新规程及说明	装置改造后，及时更新运行规定和说明		
4.3.11	装置运行监督	未根据电网运行方式的变化及时调整安全自动装置的控制策略，导致装置误动或拒动	装置控制策略调整	1. 根据电网运行方式的变化，及时调整安全自动装置的控制策略、动作定值。 2. 及时通知调度、保护专业及现场落实执行		
4.3.12		安全自动装置定值单不规范、不清晰、不齐全，导致装置定值错误	制定定值单	认真计算、编制定值单，定值单应规范、清晰、齐全；建立定值单流转、审批、执行、归档流程		
4.3.13		安全自动装置功能压板位置与调令不符，导致装置误动或拒动	核对功能压板状态	定期核查，保证装置功能压板位置与调令一致		

序号	辨识项目	辨识内容	辨识要点	典型控制措施	案例	修编依据
4.4	**日前稳定控制措施**					
4.4.1	稳定控制条件	漏（误）签线路、断面潮流限额、机组运行参数控制条件，导致稳定破坏或设备损坏	正确制定稳定限额	1. 核对电网运行方式。 2. 正确签批线路、断面潮流限额。 3. 正确签批机组运行参数控制条件		
4.4.2	稳定控制系统	工作申请票签批时未考虑相应调整安全稳定控制系统状态、定值，导致稳定破坏或设备损坏	及时调整安控措施	应根据一次方式安排意见校核安全自动装置策略、定值，确定是否对其进行调整		
4.4.3	电压控制	检修方式的稳定计算未能正确校核电压支撑，导致电压事故	制定电压控制措施	准确预测有功、无功负荷，校核电压支撑；制定电压控制措施		
4.4.4	减供负荷控制	工作申请票签批时未完全校核可能出现的减供负荷，导致减供负荷达到《电力事故应急处置和调度处理条例》所列事故标准	计算减供负荷	预测母线负荷，计算可能出现的减供负荷，并制定预控措施或提前转移负荷，必要时通知用户控制负荷		
4.5	**新设备启动**					
4.5.1	新设备命名编号	新设备启动前没有及时进行设备命名编号，或命名重复、混淆、不符合标准，导致误操作	明确新设备命名编号	1. 在审核资料齐全后两周内编制完成新设备调度命名编号文件初稿。 2. 新设备单位负责新设备调度命名编号文件初稿的现场核对，并反馈书面盖章的确认材料。 3. 根据现场核对书面确认材料，并完成各相关专业会签后，下达新设备调度命名编号正式文件。 4. 新设备命名编号不得发生命名重复、容易混淆、不符合命名规范等安全隐患		

序号	辨识项目	辨识内容	辨识要点	典型控制措施	案例	修编依据
4.5.2	新设备调度管辖范围	新设备启动前没有及时划分设备管辖范围，造成混淆，导致误操作	新设备管辖范围划分	应在设备命名编号文件中明确新设备调度管辖范围，并在发文时送达相关各单位		
4.5.3	新设备启动流程	专业执行新设备启动流程不到位，相关厂站接线图、电网设备参数、EMS 中接线图、配网接线图和稳定限额等不能及时更新，导致运行方式误安排、调度误操作	完善新设备启动流程	1. 严格执行新设备启动流程。 2. 定期编制所辖电网主接线图，新改扩建工程投产前及时更新。 3. EMS 中接线图、稳定限额、配网接线图等在启动前更新		
4.5.4	审核启动送电范围与试验项目	启动送电范围不明确、启动试验项目不明确，导致启动方案误安排、漏项	明确启动送电范围及项目	1. 与项目管理单位和上下级调度明确启动送电范围。 2. 与项目管理单位和上下级调度核对启动试验项目		
4.5.5	启动方案编制	新设备启动前未编制调度启动方案，导致调度误操作	制订启动方案	提前完成新设备调度启动方案的编制、审核、批准和下达，使相关单位、部门提前熟悉启动方案并做好准备		
4.5.6	启动方案内容	启动方案的启动送电范围不明确、应具备条件不明确、启动前应汇报内容不明确、送电步骤不明确，导致调度误操作	审核启动送电方案内容	1. 明确启动送电范围。 2. 明确启动前应具备的启动条件。 3. 预计启动时间。 4. 明确启动前汇报时间、汇报单位和汇报内容。 5. 明确启动试验项目、内容及步骤。 6. 明确启动送电步骤	案例 69	
4.5.7	启动方案交底	启动前专业沟通欠深入，导致调度误操作	启动方案交底	1. 新设备启动前向调度员交底。 2. 新设备启动前做好上下级调度及设备运维单位的沟通		

序号	辨识项目	辨识内容	辨识要点	典型控制措施	案例	修编依据
4.5.8	与用户配合协同	启动方案编制时与用户沟通不够，未审核用户内部启动方案，出现断层，导致调度误操作或影响人身安全	加强对用户设备启动的指导和管理	1. 启动方案编制时加强与用户的沟通交底。 2. 审核用户内部启动方案，加强对用户设备启动的指导和管理		
4.5.9	启动方案变更	启动过程中现场出现特殊情况方案无法进行，未及时与现场沟通，随意进行方案变更，导致调度误操作或影响人身、设备安全	关注设备启动过程	1. 设备启动时严格执行到岗到位制度，关注设备启动过程。 2. 启动方案需变更时加强与相关单位、部门、专业沟通会商，确保变更后方案的正确性和可行性。 3. 启动方案变更，应重新履行审批流程，更改的启动方案须经启动相关的各专业商定并由主管领导批准后方可执行		依据《电网调度机构反违章指南（2022年版)》第106条修订第3点
4.6	**网源协调**					
4.6.1	机组并网试验	未对机组进行进相、励磁系统、调速系统和PSS等并网试验，导致励磁系统、调速系统和PSS并网后不能正常运行	组织并网试验	1. 对新建机组、改造机组进行励磁系统、调速系统和PSS并网试验，包括故障电压穿越、一次调频、进相、低励限制、建模等试验，并按规定开展复核性试验。 2. 对于直流受端电网等应重视验证低励限制动作时励磁辅助控制环与PSS配合的稳定性。 3. 审核试验方案。 4. 审核试验报告		依据GB/T 40594—2021《电力系统网源协调技术导则》第6.3.8条修订第1点
4.6.2	机组涉网保护定值	未对机组高频率等涉网保护的配置和定值进行审批或备案，导致相关保护配置和定值不能满足电网运行要求	审核或备案涉网保护	对并入所辖电网的发电机组高频率、低频率、高电压、低电压、失磁、失步等有必要列入监督范围的机组保护的配置和定值进行审核或备案，并建立台账		
4.6.3	涉网设备状态	未能了解励磁系统和PSS状态，导致励磁系统和PSS不能正常投入	励磁系统和PSS状态	掌握所辖电网发电机组励磁系统和PSS状态，实时上传PSS投运状态信息		

序号	辨识项目	辨识内容	辨识要点	典型控制措施	案例	修编依据
4.6.4	电源涉网关键控制设备入网检测	缺少励磁、调速、逆变器等机组涉网关键控制设备入网检测报告，导致入网设备不能满足电网运行要求	审核励磁、调速、逆变器等机组涉网关键控制设备入网检测报告	加强励磁、调速、逆变器等机组涉网关键控制设备入网管理，审核设备入网检测报告	案例 78	
4.6.5	新能源场站涉网设备技术资料	缺少可用于电磁暂态和机电暂态仿真计算的风电机组/光伏发电单元等设备的模型及参数	严把入网关，将机电、电磁暂态仿真计算模型及模型验证作为新能源场站并网前的必要资料	加强新能源场站并网前涉网设备技术资料审查	案例 75～案例 77	依据 GB/T 40594—2021《电力系统网源协调技术导则》第 6.3.7 条修订
4.7	**年度方式**					
4.7.1	年度方式收资	年度方式资料收集不完整、不准确，导致年度方式分析不全面	核对收集相关资料	督促各有关部门应按规定的时间和要求提供年度方式编写相关资料		
4.7.2	年度方式编制和审查	未按要求编制年度方式，对下级调控年度方式审查不到位，未组织年度方式汇报会，影响全年方式统筹安排	强化年度方式编制及审查制度	1. 在上级调控的统筹协调下开展本网运行方式工作，每年按照统一的时间、内容、计算要求编制年度方式报告。 2. 向公司主要负责领导及相关部门汇报年度方式。 3. 协调审查下级调控运行方式工作	案例 3	
4.7.3	措施建议落实情况	未根据年度方式分析结果提出合理的措施建议，未跟踪督促措施建议的落实，造成电网存在问题无法解决，影响电网安全	跟踪督促措施建议的落实	1. 根据年度方式分析结果提出合理的措施建议。 2. 结合措施建议推进相关项目的立项、建设和投产。 3. 对年度方式措施建议的落实情况进行跟踪统计		

序号	辨识项目	辨识内容	辨识要点	典型控制措施	案例	修编依据
4.7.4	年度方式计算分析	未按照统一要求进行年度方式计算分析，计算分析深度不够	强化年度方式计算分析深度	1. 按照全网统一计算程序、统一数学模型、统一技术标准、统一计算条件和统一运行控制策略的要求开展年度方式计算。 2. 每年组织进行一次年度运行方式计算分析深度的后评估，编制后评估分析报告		
4.8	**配网运行方式安排**					
4.8.1	配网设备输送限额管理	配网线路限额资料收集不完整或未及时更新，方式安排时未考虑线路限额，造成电网事故或设备损坏	规范配网设备输送限额管理	1. 加强配网设备输送限额管理。 2. 根据设备部门发布的线路长期运行限额，滚动更新配网线路限额参数。 3. 严格按照线路限额调整运行方式		
4.8.2	优化配网运行方式	未根据线路异动和负荷增长及时调整配网运行方式，方式安排无法满足不同重要等级用户的供电可靠性和电能质量要求，双电源用户实际单电源供电	保证配网运行方式的可靠灵活	1. 根据线路异动及时优化配网运行方式。 2. 方式安排时要满足不同重要等级用户的供电可靠性和电能质量要求。 3. 确保双电源用户的供电可靠性		
4.8.3	配网运行方式临时调整	未根据主网运行方式变更单或保电申请单等及时调整配网运行方式，未按时流转至配网调控，造成方式安排错误	及时发布配网运行方式变更单	1. 按照保电申请单强化保电线路供电可靠性，编制配网运行方式变更单。 2. 根据主网运行方式变更单编制配网运行方式变更单。 3. 配网运行方式变更单需提前一天流转至配网调控		
4.9	**黑启动**					
4.9.1	机组黑启动试验	未进行机组黑启动试验，或机组试验不合格	严格黑启动试验审查	1. 应每年确定为黑启动电源的水电机组、燃气机组进行一次黑启动试验。 2. 对黑启动试验报告进行审查		

序号	辨识项目	辨识内容	辨识要点	典型控制措施	案例	修编依据
4.9.2	黑启动方案编制	未编制黑启动方案或启动方案编制后未落实到相关部门	做好黑启动方案编制和落实工作	1. 按照上级调控要求编制所辖电网全部停电后的黑启动方案。 2. 按照上级调控要求编制所辖电网局部地区（包括含有电网的小地区）停电后的恢复送电方案。 3. 做好黑启动方案和局部地区送电方案的落实工作	案例 43	
4.10	**风险预警**					
4.10.1	电网风险预警发布	电网薄弱方式下未及时发布电网调度风险预警，造成电网安全隐患	严格执行电网调度风险预警管理标准	1. 建立电网调度风险预警管理标准，及时发布电网风险预警，明确风险预控要求。 2. 制定电网风险预控措施。事故后负荷损失可能达到《条例》事故标准的，提前落实风险报备、做好负荷转移工作；影响电网或局部地区安全稳定运行和可靠供电的，需事先编制有序用电、错避峰方案并予以落实；事故后可能造成供电缺额的，需提前落实足够容量的紧急限电容量。 3. 针对不同风险等级，提出特保、特巡、巡视、加强监控及抢修准备等要求。 4. 制定变电站防全停措施	案例 6～案例 41、案例 91	
4.10.2	高危客户风险预警	高危客户供电方式薄弱，未采取措施，造成供电隐患	加强防控措施	1. 熟悉高危客户供电途径。 2. 及时发布高危客户风险预警。 3. 合理调整高危客户供电方式	案例 18～案例 29	
4.10.3	电网风险预警落实反馈	未对相关单位风险预控措施落实情况进行确认，造成电网安全隐患	落实闭环管理	1. 督促和确认相关单位对风险预控措施落实情况及时反馈。 2. 检查相关单位风险预控措施落实情况反馈信息填写规范性	案例 31～案例 41	

序号	辨识项目	辨识内容	辨识要点	典型控制措施	案例	修编依据
5	**现货市场**					
5.1	**市场建设**					
5.1.1	组织保障	市场建设组织机制不完善，导致市场建设不顺畅	建立各方参与的市场组织机制	1. 建立涵盖政府部门、运营机构、发电企业、售电公司等主体的市场专班。 2. 明确政府主管部门、主要参与单位职责		
5.1.2	协调机制	与政府、市场主体等方面的沟通协调机制不畅，导致市场建设关键问题未能及时暴露、解决	建立与政府、市场主体等方面的畅通沟通协调机制	1. 促请政府主管部门定期召开各方参与的市场建设推进会。 2. 促请政府主管部门不定期召开各方参与的市场建设研讨会。 3. 促请政府主管部门建立市场专班集中协调机制		
5.1.3	工作机制	公司内部沟通协调不畅，影响市场运营效率	建立公司内沟通协调工作机制	1. 建立公司现货市场建设领导小组，明确各部门职责。 2. 建立公司各部门间的定期协调研讨制度		
5.1.4	人员配置	未按要求配置现货市场运营岗位及人员，影响市场组织运营	按要求保障岗位设置和人员配置	1. 增设现货市场相关岗位，明确各岗位职责。 2. 开展现货市场运营人员培训，确保人员专业能力满足市场运营要求		
5.1.5	场所配置	未配置独立的现货市场运营场所，影响市场组织运营	按要求配置独立现货市场运营场所	按照国能发监管〔2020〕56 号等相关要求，保障现货市场运营场所的独立性和安全性		
5.2	**市场运营**					
5.2.1	入市管理	新投电厂手续不合规、技术系统不具备条件，造成未能按规则及时参与市场	规范入市管理	严格按照规则和流程市场开展市场准入和入市登记管理		

序号	辨识项目	辨识内容	辨识要点	典型控制措施	案例	修编依据
5.2.2	市场组织	未按规则要求的流程组织现货或辅助服务交易,导致市场组织混乱	严格按规则要求组织市场交易	1. 加强市场运营流程管理,建立相应的管理规定。 2. 加强市场运营人员培训,熟悉掌握市场规则和组织流程。 3. 技术支持系统具备相应的流程控制功能,在人员操作不满足市场规则要求时进行提示和告警		
5.2.3	边界信息	现货市场边界信息有误,导致市场出清结果错误或无法出清	确保现货市场边界信息正确	1. 市场运营流程中,专人负责现货市场边界信息收集及核对工作。 2. 技术支持系统具备边界信息自动校核、勘误及告警功能		
5.2.4	出清计算	现货市场技术支持系统的计算模型、参数不准确,或基础数据未及时更新	加强技术支持系统模型及参数管理	1. 加强技术支持系统模型和参数维护,严格执行机组参数信息报送要求,设备新投、异动流程规范、完备。 2. 加强基础数据贯通,确保调度各系统基础参数来源一致、数据同步更新		
5.2.5	技术系统	技术支持系统不稳定性造成市场无法正常开展	加强技术支持系统运维	1. 加强硬件保障,关键设备应有备品备件。 2. 加强运营管理,建立常态化系统巡查、测试机制。 3. 加强人员支撑,专人负责技术支持系统的运维		
5.2.6	出清结果审核	电力现货或辅助服务市场出清结果异常,影响电网安全稳定运行	加强市场出清结果校核	1. 加强审核,严禁直接发布未经审核的出清结果。 2. 设计制定完善的市场出清结果评价指标,并应用于市场运营。 3. 建立异常出清结果分析、处理、完善的闭环工作机制		

序号	辨识项目	辨识内容	辨识要点	典型控制措施	案例	修编依据
5.2.7	应急处置机制	未明确特殊情况下应急处置机制，导致应急处置不及时、不正确，影响电网安全和市场运行。	明确应急处置范围及具体措施	1. 在市场规则中明确应急处置条件，以及应急处置的措施，保障应急处置合规性。 2. 编制市场应急处置预案，针对典型场景制定详细、具操作性的处置措施。 3. 开展演练，确保运营人员具备应急处置能力		
5.3	**市场合规**					
5.3.1	市场规则	开展结算试运行前，未正式印发市场规则	按要求印发市场规则	开展市场结算运行前促请政府部门正式印发现货市场规则		
5.3.2	第三方验证	开展结算试运行前，未开展技术支持系统并通过第三方验证	按要求开展第三方验证	技术支持系统经独立第三方专业机构开展验证并出具正式验证报告，具备条件后再开展结算试运行		
5.3.3	省间市场细则	省间现货交易与省内电力市场缺乏有效衔接	明确省间现货在省内的实施细则	1. 按照发改办体改〔2021〕837号要求，做好省间交易规则与地区规则的衔接。 2. 促请政府印发省间现货市场的组织、分摊等实施细则后，规范参与省间电力现货交易		
5.3.4	运行情况报送	未按相关规定向政府主管部门报送市场建设运行情况	按规定向政府主管部门报送市场建设运行情况	1. 严格执行相关文件和规则要求，向政府相关部门报送市场建设及运行情况。 2. 专人负责信息报送工作，并在相应技术系统中增加定期提示功能		
5.3.5	市场干预	实时市场运行调整不符合电网运行需求或市场规则要求，无故未执行现货交易结果	强化现货市场出清结果执行管理	1. 在市场规则中明确进行市场干预的条件、干预手段，严格按规则进行市场干预。 2. 市场干预后及时恢复正常运行状态		
5.3.6	运行记录	市场运行记录缺失或记录信息不规范	规范记录运行情况	规范记录市场运行信息以及市场干预、应急处置执行情况		

序号	辨识项目	辨识内容	辨识要点	典型控制措施	案例	修编依据
5.4	**市场风险管控**					
5.4.1	市场分析	未按要求开展市场运行情况统计分析，导致市场运行状态掌握不清	按要求开展市场运行情况统计分析	1. 按要求常态开展市场交易结果和数据的统计分析。 2. 建立市场运行情况统计分析的技术支持手段。 3. 发现市场风险点时，及时进行预控及处置		
5.4.2	市场力监测及缓解	未按要求建立市场力监测及缓解机制，影响市场公平	建立市场力监测及缓解机制	1. 在规则内明确市场力监测方式及市场力判定条件。 2. 明确市场力判定条件触发后的缓解机制		
5.4.3	评价指标	未按要求建立市场运行指标评价体系，影响评估市场建设效果和运行状态	建立市场运行指标评价体系	1. 建立市场运行指标体系，并开展评价，作为保障市场运行和持续完善的重要参考。 2. 建立市场主体信用评价体系，定期开展信用评价，促进市场主体依规参与市场		
5.4.4	风险评估	未按要求开展市场运行风险辨识，导致未及时发现风险点	开展市场运行状态评估和风险辨识	将市场运行风险作为将市场运行评估的重要内容，通过指标、数据定性、定量分析存在的风险		
5.4.5	应急预案	未按要求编制市场风险管控应急预案	按要求编制市场风险管控应急预案	1. 建立面向各类市场风险的应急预案。 2. 定期根据运行需求更新应急预案。 3. 定期开展演练，提升应急预案的可操作性		
5.5	**市场培训及信息管理**					
5.5.1	市场培训	未按要求开展面向市场主体的规则培训，导致规则宣贯不到位	按要求开展规则宣贯及市场主体培训	1. 持续加强市场规则宣贯。 2. 根据规则及运行需求按期组织市场主体培训		

序号	辨识项目	辨识内容	辨识要点	典型控制措施	案例	修编依据
5.5.2	市场答疑	未按要求及时应答市场主体合理咨询，影响市场建设和运行质效	按要求及时回应市场主体合理咨询	1. 针对市场主体咨询及时应答。 2. 市场运行期间开通市场热线，安排专人应答市场主体咨询		
5.5.3	信息交互	未按要求将市场运行相关数据及时交互至其他部门，影响信息披露、结算等工作	严格遵守市场信息披露及数据交互要求	1. 市场出清、实际运行结束后，按规则要求的时间节点推送相关数据。 2. 加强数据交互接口建设，保障数据传输稳定性、及时性		
5.5.4	信息保密	运营人员未按要求保密，造成市场运行信息违规泄露	依规开展信息保密及管理工作	1. 定期开展保密培训，明确保密责任。 2. 按要求对办公系统、运营场所采取安全隔离措施		
5.5.5	信息披露	未按要求真实、准确、完整、及时地开展信息披露	严格按照市场信息披露相关要求开展信息披露工作	1. 严格执行国能发监管〔2020〕56号《国家能源局关于印发〈电力现货市场信息披露办法(暂行)〉的通知》、国家电网交易〔2021〕148号《国家电网有限公司关于规范推进电力市场信息披露工作的通知》等文件要求，按规定内容、时间节点等要求开展信息披露工作。 2. 持续完善技术支持系统，确保信息披露及时性、完整性、准确性。 3. 制定相应的管理规定，明确各专业信息披露职责		
5.5.6	舆情管理	试运行过程中，出现较大的矛盾或引发舆情，对市场建设造成不利影响	加强舆情监控、合理制定舆情应对措施	1. 提前发现潜在舆情风险，及早采取相应措施。 2. 及时对市场主体的信息披露、市场运行问题做出应答、解释、说明。 3. 加强市场相关各方协同，共同推进市场建设，保障市场平稳运行		

序号	辨识项目	辨识内容	辨识要点	典型控制措施	案例	修编依据
6	**水电及新能源**					
6.1	**气象信息及水情、风情、辐照度预报**					
6.1.1	气象信息及水情、风情、辐照度预报	因天气预报信息准确率低，来水、来风及辐照度预测和实际值偏差较大，导致水电及新能源日电能计划难以执行	跟踪天气预报及来水、来风及辐照度预报	1. 跟踪天气预报和实时气象信息。 2. 跟踪来水、来风及辐照度预报，做好功率预测修正。 3. 实时掌握水电厂的雨情、水情信息、风电场风况、光伏辐照信息。 4. 向调度提出水电及新能源发电修改建议		
6.2	**水电及新能源调度运行**					
6.2.1	水电及新能源发电能力分析	因水电、来风及辐照发电能力不足，造成水电及新能源调峰能力不足或影响发用电平衡	评估水电及新能源发电能力	1. 合理安排有调节性能水电站的发电。 2. 水电站水库调度运行中，除特殊情况外，最低运行水位不得低于死水位，正常情况下，最高运行水位不得高于正常蓄水位；多年调节水库在来水正常情况下，年供水期末库水位应控制不低于年消落水位。 3. 若各大水库较长时间来水少，水电库存电量无法满足发电平衡，甚至失去水电顶峰发电或事故备用的能力，及时提出控制水电发电预警。 4. 做好水电及新能源发电能力预测，提高预测精度		
6.2.2	洪水调度	洪水调度职责属于公司系统的水库，因洪水调洪不当，造成最大出库流量超过最大入库洪峰流量	跟踪预报入库洪峰流量和峰现时间	1. 根据天气预报，合理安排洪前发电预腾库。 2. 优化洪水调度，根据洪水预报提出预报预泄方案，避免出现最大出库流量超过最大入库洪峰流量		

序号	辨识项目	辨识内容	辨识要点	典型控制措施	案例	修编依据
6.2.3	防汛安全	未严格执行政府批复的洪水调度方案,可能造成防汛安全	执行洪水调度方案	1. 熟悉经政府批复的洪水调度方案,并严格执行。 2. 加强汛期值班,加强与防汛、气象部门联系,及时掌握最新防汛信息		
6.2.4	防抗台风	因没有及时启动台风应急预案,影响电网安全稳定运行	跟踪台风路径	1. 跟踪台风路径,根据实际情况及时启动防抗台风预案。 2. 根据台风预报,评估水电及新能源发电能力,协同做好水火电运行方式安排和电网潮流优化		
6.2.5	综合利用	发电流量无法满足航运计划要求	发电流量兼顾满足综合利用要求	1. 根据主管部门批准并经调控机构认可的综合利用计划,合理安排发电计划,满足水库设计的综合利用要求。 2. 实际调度过程中进行计划跟踪调整		
6.2.6	分布式电源					
6.2.6.1	分布式电源并网线路检修	并网线路检修,并网开关未隔离,造成对检修线路送电	正确填写线路检修操作方案	1. 熟悉分布式电源电站的运行方式,提前通知值班人员检修计划。 2. 按操作规定正确填写操作任务票,在相关设备停役前完成分布式电源解列操作,在相关设备复役后分布式电源方可并网,防止因倒送电造成人身、电网、设备事故。 3. 要求分布式电源值班人员按操作任务票配合进行操作		
6.2.6.2	接有分布式电源的配电网故障	接有分布式电源的配电网发生故障	正确发布调度指令	在威胁电网安全的紧急情况下,采取调整分布式电源发电出力、发布开停机指令、对分布式电源实施解列等必要手段确保和恢复电网安全运行		

序号	辨识项目	辨识内容	辨识要点	典型控制措施	案例	修编依据
6.2.6.3	分布式电源的孤岛运行	配电网故障后分布式电源孤岛运行	优化孤岛策略	1. 要求分布式电源必须具备防孤岛能力。 2. 优化孤岛划分策略，当电网发生故障时，切除相关分布式电源，保证故障后配电网的供电可靠性。 3. 分布式电源因电网发生扰动脱网后，在电网电压和频率恢复到正常运行范围之前不允许重新并网		
6.2.6.4	分布式电源承载力	分布式电源接入地区电网的承载力不足	评估地区分布式电源接入电网的承载力	1. 明确待评估地区电网范围，画出待评估地区电网拓扑图。 2. 按照电压等级从高至低分层进行评估。 3. 开展热稳定、短路电流及电压偏差计算分析，确定待评估地区可新增分布式电源容量。 4. 给予地区政府和公司有关部门分布式电源接入建议，促进分布式电源健康有序发展		
6.3	**水电及新能源并网管理**					
6.3.1	机组或逆变器高、低电压穿越能力	不具备高、低电压穿越能力，造成脱网事故；检查核对参数看是否具备高、低电压穿越能力	正确填写线路检修操作方案	1. 具备高、低电压穿越能力的机组才允许并网。 2. 不具备高、低电压穿越能力的机组必须按规定进行改造并检测合格		
6.3.2	动态无功补偿	不具备动态无功补偿，影响并网点电压	检测核对无功补偿设备是否按要求配置	1. 具备动态无功补偿的新能源场站才允许并网。 2. 不具备动态无功补偿的新能源场站必须按规定进行改造并检测合格		
6.3.3	汇集系统单相故障快速切除	不具备单相故障快速切除，导致故障扩大	检查核对接地方式，看是否具备单相故障快速切除	1. 检查核实接地方式，具备单相故障快速切除功能才允许并网。 2. 不具备单相故障快速切除功能的，应按规定改造并测试合格		

序号	辨识项目	辨识内容	辨识要点	典型控制措施	案例	修编依据
6.4	**调度控制系统水电及新能源模块**					
6.4.1	系统维护	数据中断、数据不正确、数据不准时、系统停运，影响水电及新能源调度	核查系统运行情况	1. 每日检查系统运行情况，对数据的畅通率、准确率、及时率进行分析。 2. 加强系统维护，对存在的缺陷及时消缺处理		
6.4.2	二次安全防护	调度控制系统水电及新能源模块由于二次安全防护问题造成系统故障，影响水电及新能源调度	二次安全防护检查	1. 定期进行反病毒软件的升级和病毒库的更新。 2. 定期升级系统补丁和修复系统漏洞。 3. 加强移动介质管理。 4. 定期对系统数据及配置进行备份		
6.5	**储能电站管理**					
6.5.1	化学储能电站的并网管理	储能电池、电池管理系统、储能变流器等主要并网设备是否满足并网要求	是否满足接入电力系统相关技术、运行及管理规定	储能电站所采用的储能电池、电池管理系统、储能变流器等主要设备应满足相关标准规范要求，通过具有中国合格评定国家认可委员会（CNAS）、中国计量认证（CMA）资质的第三方检测机构的型式试验。并网验收前要完成电站主要设备及系统的型式试验、整站调试试验，并向电力调度机构提供相应的试验报告		依据调水〔2022〕71 号《新型储能电站调度运行管理规范（试行）》第 12 条新增
6.5.2	设备安全及维护	储能电池等设备发生故障，可能会引发火灾、爆炸等严重事故，影响电网运行安全	是否按时维护	定期做好运维工作，及时发现和处理设备的故障和缺陷		依据国能发科技规〔2021〕47 号国家能源局《新型储能项目管理规范（暂行）》第 15 条新增

序号	辨识项目	辨识内容	辨识要点	典型控制措施	案例	修编依据
6.5.3	储能设备性能监督	储能变流器、储能电池等设备运行后，可用性能是否符合额定标准	储能电站是否定期开展技术监督，并将技术监督信息表上报电力调度机构	当技术监督校核的可用能量低于电力调度机构规定的限额时，需将整改方案上报调度机构。储能电站累计更换储能变流器、储能电池比例超过电力调度机构规定的限额时，应重新对储能电站进行并网测试，并出具并网测试报告，经电力调度机构认可后方可重新并网运行		依据调水〔2022〕71 号《新型储能电站调度运行管理规范（试行）》第 21 条新增
7	继电保护					
7.1	继电保护整定计算					
7.1.1	装置原理	对继电保护装置原理、二次回路接线不了解，导致误整定	熟悉装置原理和二次回路	1. 整定人员应按照行业和企业相关技术标准要求收集工程资料。 2. 整定人员应接受新设备培训，熟悉装置原理。 3. 整定人员掌握二次设备构成、功能、动作逻辑等原理。 4. 熟悉二次设备回路原理接线		
7.1.2	原始参数	设备原始参数错误，导致误整定	核查参数	1. 建立参数档案。 2. 整定计算系统参数应与原始档案保持一致，参数修改应有记录并可追溯。 3. 落实设备参数报送单位正确提供参数的责任。 4. 落实资料提供单位提交工程资料时限要求，保障整定计算合理工期		
7.1.3	实测参数	未采用实测参数进行复核计算，导致误整定	使用实测参数	1. 应使用实测参数对保护定值进行计算复核。 2. 暂时无法实测参数的，应确保定值计算正确，并由相应主管部门确认并备案说明。 3. 实测参数与理论参数或同类型参数差异较大，应由参数上报部门核实		

序号	辨识项目	辨识内容	辨识要点	典型控制措施	案例	修编依据
7.1.4	保护说明书等技术资料	保护说明书与现场二次设备不符，导致误整定	核查说明书和其他技术资料	1. 原则上按照装置打印定值清单出具保护调试定值单。 2. 整定人员应及时收集保护调试定值单的调试执行情况。 3. 应保存好保护设备开箱说明书，并确保保护说明书与现场二次设备一致		
7.1.5	图纸资料	图实不相符，导致误整定	核查图纸资料	1. 具备完整的正式设计图纸，及时掌握现场图纸修改情况及变更原因；现场接线与施工图纸不符，应由设计院出具变更说明。 2. 整定计算前须查阅设计图纸		
7.1.6	运行整定规程	未执行继电保护运行整定规程，导致误整定	执行规程规定	1. 按照行业和企业相关技术标准进行整定计算。 2. 应编制包含计算过程及计算结论的整定计算书		
7.1.7	电网运行方式	整定计算未考虑各种常见电网运行方式及特殊运行方式，导致误整定	熟悉电网运行方式，合理进行整定计算	1. 应熟悉本网电网主接线及各种运行方式。 2. 应根据各种常见电网运行方式进行整定计算，并对特殊运行方式进行校核，应避免出现不满足整定计算要求的运行方式。 3. 确认发电厂（场、站）最大最小开机方式、变压器中性点接地方式等	案例 97	
7.1.8	整定流程	整定计算无复算、审核、批准程序，导致误整定	执行整定计算流程	1. 整定计算必须有专人复算，履行整定计算书、整定通知单计算、复算、审核、批准手续。 2. 各级调控机构按照调度管辖范围，依据继电保护运行整定规程、Q/GDW 10422—2017《国家电网继电保护整定计算技术规范》、《省、地、县继电保护一体化整定计算细则（试行）》等技术标准，开展整定计算和定值管理工作，县调负责调管范围内整定计算的收资和计算，地调负责所辖县调整定计算业务的复算、审核和批准		

序号	辨识项目	辨识内容	辨识要点	典型控制措施	案例	修编依据
7.1.9	边界定值核算	边界保护定值未及时核算调整，导致保护定值结果不满足电网运行要求	及时核算调整边界定值	1. 定期或运行方式有重大变化前，应重新核算和调整边界定值。 2. 应及时向相关调控机构、并网电厂（场、站）及重要用户提供等值阻抗和有关保护定值限额。 3. 涉及整定分界面的调控机构间应定期或结合基建工程进度相互提供整定分界点的保护配置、设备参数、系统阻抗、保护定值及整定配合要求等资料。 4. 本级电网保护定值应满足上级调控机构给定的定值限额		
7.1.10	保护通道使用	未正确掌握线路保护通道信息，导致误整定	掌握线路保护通道类型	1. 掌握通信管理部门的高频通道频率分配使用情况。 2. 掌握保护光纤通道的通信方式。 3. 掌握双通道线路保护装置通道分配情况。 4. 掌握不同通道方式下的线路保护定值整定，允许式和闭锁式设定不得错误	案例100	
7.1.11	保护TA变比	TA变比设定不正确，导致误整定或TA不满足运行要求	核查TA变比	1. 定值单中明确TA变比。 2. 核对TA变比满足运行要求。 3. 现场应确保实际TA变比与定值单一致		
7.1.12	整定计算工作范围	整定计算工作范围不全，出现遗漏	熟悉各基（改）建工程内容，核实其影响范围，调度管辖范围调整后及时进行定值复核	1. 参加工程启动、停电方案审核等相关会议，审核启动方案、改造方案、停电计划以及非正常方式安排。 2. 对工程内容、影响范围进行分析，明确工作范围、内容及计划。 3. 调度管辖范围变更时，应同时移交有关图纸、资料，由接管单位复核定值并完成定值的重新下发工作		

序号	辨识项目	辨识内容	辨识要点	典型控制措施	案例	修编依据
7.1.13	整定计算系统模型	整定计算系统模型与实际不符	及时更新整定计算系统模型	1. 电网模型、保护配置等发生变化时，应根据规范及时调整、修改整定系统计算模型，在整定计算系统中应有记录并可追溯。 2. 定值复算、审核、批准环节认真核查模型调整情况		
7.1.14	系统电抗（等值）	系统电抗（等值）计算错误	准确计算、及时更新	1. 熟悉电网运行方式，积极与方式专业沟通，确定系统正常及检修方式，确定系统电抗计算原则。 2. 电网结构、运行方式、设备等发生变化时，及时计算、更新系统电抗。 3. 系统电抗发生较大变化时及时校核相关定值、上报或下发系统电抗	案例 96	
7.2	**继电保护定值**					
7.2.1	定值单规范	保护定值单不规范、不清晰、不齐全，导致现场误整定	定值单内容规范	1. 规范保护定值单内容，至少包括定值单编号、执行日期、设备名称、保护装置型号、微机保护软件版本号、保护使用的 TA 及 TV 变比、定值说明等。 2. 定值单流转各环节人员签字应齐全。 3. 对定值单的控制字宜给出具体数值。 4. 定值应根据装置要求标明一、二次值	案例 95	
7.2.2	定值单下发	定值单缺漏或下发不及时，导致电网事故或现场误整定	定值单齐全并及时下发	1. 定值单应及时下发现场执行。 2. 核查下发定值单无缺漏		
7.2.3	定值单回执	定值单问题未反馈，导致误整定	定值单回执规范、及时	1. 应制定继电保护定值通知单管理制度。 2. 实行定值单流程电子化闭环管理。 3. 现场定值执行中定值变更应及时反馈，定值单回执应记录执行人员、运行人员、调度人员名单、执行时间及执行情况。 4. 定值单回执应严格按规定时间上报整定部门		

序号	辨识项目	辨识内容	辨识要点	典型控制措施	案例	修编依据
7.2.4	定值单保存	有效定值单与作废定值单未区分，导致现场误整定	作废定值单标识	1. 作废定值单有明显的作废标识。 2. 有效定值单及时归档，同时隔离作废定值单		
7.2.5	定值单核对	现场定值单与调度不一致，导致误整定	每年进行一次定值单的全面核对	1. 应定期开展定值单核对工作，现场与调度核对定值单编号是否一致。 2. 现场对照定值单，核对装置定值是否与定值单一致。 3. 现场对照定值单，核对压板投退是否与定值单一致	案例 97	
7.2.6	涉网保护定值管理	未对下一级电网、并网电厂（场、站）及重要用户等值阻抗和有关保护定值进行管理，导致安全隐患	管理有关保护定值	1. 及时向下一级电网、并网电厂（场、站）及重要用户提供等值阻抗和有关保护定值限额。 2. 并网电厂（场、站）涉网继电保护定值应有完整的整定计算资料，保护定值计算、整定应正确无误，书面整定计算资料及定值单应有完备的审批手续。 3. 加强并网电厂（场、站）及重要用户涉网保护定值报备管理		
7.3	继电保护运行					
7.3.1	整定方案及调度运行说明	未及时修订整定方案及调度运行说明，导致安全运行隐患	制定并按要求及时修订整定方案及调度运行说明	1. 整定方案及调度运行说明制定或修订应有审核、批准流程。 2. 保护失配和保护装置问题带来的调度操作注意事项等应及时制定或增补进调度运行说明。 3. 新设备投运和保护装置更换后，应及时制定或修改调度运行说明		

序号	辨识项目	辨识内容	辨识要点	典型控制措施	案例	修编依据
7.3.2	运行方式变更时的定值校核	运行方式变更时，保护定值未及时校核与调整，导致保护定值不满足电网运行要求	运行方式变更及时校核调整定值	1. 运行方式变更时，应重新校验定值计算结果。 2. 定值需要调整的，应及时出具保护定值单	案例 94、案例 97	
7.3.3	保护检验管理	保护超周期运行，导致保护不正确动作	保护按周期及时检验	1. 制定保护检验管理制度，组织制定、修订保护检验规程、标准化作业指导书（卡）。 2. 审查电网保护检验计划，核实保护检验完成情况。 3. 执行二次设备状态检修管理制度，以年度继电保护状态检修评价报告为依据，制定二次设备检修计划和技术改造项目	案例 93	
7.3.4	保护缺陷处理	继电保护装置的缺陷处理不及时，保护处在不正常运行状态，导致保护无法正确动作	保护缺陷及时处理	1. 建立设备缺陷台账。 2. 及时分析、处理缺陷，防止设备长时间带病运行。 3. 关注快速保护缺陷，避免快速保护退出超过 24h。 4. 编制继电保护运行分析报告，推行设备分析制度。 5. 对运行状况较差的保护设备及时安排技改		
7.3.5	故障信息管理系统维护	主站系统故障录波器和故障信息系统的数据库、操作系统没有及时升级，不符合安全防护要求，故障信息无法实时到达调度台，导致延误事故处理	跟踪维护故障信息管理系统	1. 维护二次设备在线监视与分析模块的数据库。 2. 跟踪现场二次设备缺陷处理。 3. 二次设备在线监视与分析模块应严格按照公司有关网络安全规定，做好有关安全防护。 4. 新装置必须满足网络安全规定方可接入在线监视与分析模块		

序号	辨识项目	辨识内容	辨识要点	典型控制措施	案例	修编依据
7.3.6	相关专业配合	专业界面不清晰，配合机制不完善，导致电网事故或安全隐患	制定并完善专业间的配合管理机制	1. 制定并完善与通信、自动化等专业及与互感器和断路器等一次设备的协同管理机制。 2. 执行智能变电站保护运行管理机制		
7.3.7	人员培训	继电保护专业人员对新设备、新技术了解程度不够，导致电网事故或发生"三误"	加强对继电保护专业人员的培训工作	1. 继电保护人员应接受新设备培训，掌握二次设备构成、功能、动作逻辑等原理。 2. 继电保护人员应接受智能变电站等新技术培训，加强与通信、自动化等相关交叉专业的知识培训		
7.3.8	分布式电源接入配电网时的保护管理	分布式电源接入配电网时的保护配置不合理、变电站接入分布式电源总容量超出规定，导致电网事故	加强对分布式电源入网管理	1. 参与分布式电源接入系统继电保护专业审查、保护配置等工作。 2. 严格按照相关文件要求控制变电站分布式电源接入总容量。 3. 配电网线路上有分布式电源接入时，应及时校核变电站出线开关保护定值		
7.3.9	保护装置家族性缺陷	未及时认定、整改保护装置家族性缺陷	各级调控中心负责组织落实保护装置家族性缺陷反措要求并进行监督检查	1. 发现疑似家族性缺陷后应及时上报上级调控机构。 2. 及时开展保护装置家族性缺陷排查。 3. 统筹制定调度管辖范围内反措整改计划并组织实施。 4. 在反措实施前应采取有效的临时技术、管理措施，降低保护缺陷可能对电网造成的影响，同时加强缺陷设备的监视及运行维护		
7.4	**继电保护技术监督**					
7.4.1	反事故措施	反事故措施执行不到位，导致电网事故	严格执行反事故措施	1. 贯彻落实专业反事故措施，及时制定本电网反事故措施。 2. 制定反事故措施的实施方案，掌握反措落实情况	案例101～案例103	

序号	辨识项目	辨识内容	辨识要点	典型控制措施	案例	修编依据
7.4.2	保护选型配置	保护选型配置错误,产生电网安全隐患,导致电网事故	执行保护选型规定	1. 参加基建工程初步设计审查,按有关规程规定要求对保护配置、选型提出审查意见。 2. 审核技改工程保护选型、配置方案,对涉及牵引站等特殊工程的,应配置专用继电保护装置。 3. 在变电站新建及改扩建工程中,涉及线路保护两侧配合,应严格按相关文件执行。 4. 参与基建和技改工程保护设备招标工作		
7.4.3	软件版本管理	微机保护装置软件版本不受控,导致电网事故	规范微机保护软件版本管理	1. 严格微机保护软件版本异动和受控管理。 2. 定期核实电网微机保护软件版本。 3. 定期组织发布电网微机保护软件版本		
7.4.4	保护技术改造	对存在严重缺陷和超期服役设备未及时安排改造,导致电网事故	安排保护技术改造	1. 依据年度继电保护状态检修评价报告,确定二次设备状态。 2. 及时编制存在严重缺陷和超期服役保护设备的改造计划,并督促实施		
7.4.5	事故调查分析	事故调查分析不到位,导致安全隐患未消除	严格执行事故调查规程	1. 组织并参与继电保护事故调查。 2. 分析保护不正确动作原因,制定反事故措施并督促实施		
7.4.6	保护通道配置	保护通道配置存在问题,导致电网事故或非计划停役	严格执行通道配置规定	1. 220kV 及以上系统的保护通道应满足继电保护双重化配置要求。 2. 电流差动保护尽量采用点对点路由,确保收发路由一致。 3. 光纤通道应符合调继〔2019〕6 号《国调中心、国网信通部关于印发国家电网有限公司线路保护通信通道配置原则指导意见的通知》的要求		

序号	辨识项目	辨识内容	辨识要点	典型控制措施	案例	修编依据
7.4.7	新保护装置入网	首次投入电网运行的新型保护未经相应部门审定，保护存在安全隐患，导致设备故障时保护误动、拒动	首次入网保护审定	1. 入网运行的保护装置应满足标准化设备规范等有关要求。 2. 220kV 及以上系统的保护装置应通过国家级或国家电网公司级设备质量检测中心的检测试验。 3. 智能变电站的合并单元、智能终端、过程层交换机应采用通过国家电网公司组织的专业检测的产品。 4. 首次投入电网运行的保护装置，必须有相应电压等级或更高电压等级电网试运行经验，并经电网调度部门审定		
7.4.8	并网电厂及重要用户管理	并网电厂及重要用户管理不规范，导致厂网事故	纳入电网统一管理	1. 并网电厂及重要用户应纳入电网统一管理，执行专业技术规程、标准规范及反措要求。 2. 应参与并网电厂及重要用户继电保护可研初设审查、设备配置选型等工作。 3. 对并网电厂及重要用户进行继电保护技术监督管理，开展保护事故分析，制定反事故措施。 4. 加强对光伏、风电等新型能源发电项目并网管理，按专业技术规程、标准规范要求审查涉网设备继电保护装置配置选型		

序号	辨识项目	辨识内容	辨识要点	典型控制措施	案例	修编依据
7.4.9	配置文件管理	1. 新投运变电站配置文件的审核不到位造成保护误动或拒动。 2. 运行智能变电站配置文件未及时更新,致使配置文件下装错误,造成保护误动或拒动	严格执行智能变电站配置文件运行管理规定	1. 审核新投运变电站的配置文件。 2. IED 设备应采用检测机构通过专业检测和工程应用标准化检测并发布的 ICD 文件,设计、建设环节使用的 ICD 文件应一致。 3. 设备投产前及配置文件变更后,运维单位应核对 IED 虚端子 CRC 校验码与现场设备一致,确保 SCD 文件虚端子配置的正确性及其与设备实际配置的一致性,防止因 SCD 文件错误导致保护失效和误动。 4. 运维阶段配置文件的及时更新。 5. 有效管理智能变电站 SCD、CID、CCD 等配置文件	案例 98、案例 99	依据国网(调/4)809—2022《国家电网有限公司智能变电站配置文件运行管理规定》第三章修订
7.5	**检修工作申请单**					
7.5.1	保护意见批复	误签投退保护,保护旁代操作步骤错误,主网设备启动和运行过程失去快速保护等问题,导致电网事故或障碍	慎重批复保护意见	1. 全面了解申请单的工作内容后再批复意见。 2. 对涉及停役的设备、对系统的影响等要全面考虑。 3. 按照保护运行规定,统一、规范填写保护批复意见,如保护定值采用一次值应明确说明。 4. 严格执行所在单位检修单批复制度		
7.5.2	保护装置名称	保护装置名称错误,未使用保护规范名称,导致误操作事故	规范使用保护名称	规范使用保护调度术语,避免歧义		
7.5.3	运行方式检查	一次系统元件停役超过保护整定许可的方式、机组停机低于保护灵敏度要求的最小开机方式,导致保护失配	检查批复的运行方式	确保一次系统元件停役不超过保护整定许可的方式、机组停机不得低于保护灵敏度要求的最小开机方式		

序号	辨识项目	辨识内容	辨识要点	典型控制措施	案例	修编依据
7.5.4	临时定值调整	临时定值调整错误，造成电网事故或障碍	临时调整定值应有依据	1. 根据方式变化或安全稳定要求，确定临时调整定值。 2. 系统方式恢复时，临时定值应及时改为原定值。 3. 应考虑临时定值与相邻元件定值配合关系		
7.5.5	主保护	主保护退出，导致电网稳定事故	执行主保护退出运行规定	1. 双重化配置的主保护，应保证至少有一套主保护正常投入。 2. 主保护均退出时，应根据稳定要求调整保护定值或停运一次设备		
7.5.6	母线保护	母线保护安排不合理，导致电网稳定事故	按稳定要求安排母线保护投停	1. 配置双套母差保护的变电站，应保证有一套母差保护能够正常投入。 2. 变电站失去母差保护时，对于 3/2 接线方式应停运相应的一次设备，对双母线接线应根据稳定要求调整保护定值		
7.5.7	重合闸方式	重合闸投退错误，全电缆线路误投重合闸，单重方式误投三重方式等，导致线路停役	熟悉线路重合闸投退要求	严格检查线路重合闸投退方式，避免误投退重合闸或重合闸方式错误		
7.5.8	主变中性点	主变中性点安排错误，导致不满足保护要求	执行中性点接地规定	根据变电站内主变、母线运行方式，确定主变中性点接地方式，保持接地阻抗相对稳定		
7.5.9	有关设备停役会签	电压互感器、光纤通道、直流系统等影响继电保护运行的设备停役，没有签批继电保护专业意见，造成保护运行障碍	关注保护有关设备的停役	1. 应关注电压互感器、光纤通道、直流系统设备停役的申请单申报。 2. 应签批设备停役后对保护影响的意见		
7.6	**新设备启动**					
7.6.1	保护设备命名	没有及时进行保护设备命名，导致电网事故或障碍	保护设备及时命名	明确保护新设备并提前完成保护设备命名		

序号	辨识项目	辨识内容	辨识要点	典型控制措施	案例	修编依据
7.6.2	启动方案	保护配合方案不合理，导致保护不正确动作	提供保护配合方案	1. 参与编制新设备启动方案，明确保护试验范围和向量测试内容。 2. 保护配合方案应合理，确保运行系统与调试系统的保护配合。 3. 与运行方式专业充分沟通，运行方式安排应兼顾保护专业要求		
7.6.3	新投备投产条件	新设备不具备投产条件，导致电网事故或保护不正确动作	确认新设备具备投产条件	1. 二次设备应与一次设备同时具备投产条件。 2. 确认保护装置及其相关二次回路、通道调试合格。 3. 核实继电保护工程验收情况，继电保护验收试验项目应齐全、完整		
7.6.4	重要工程现场验收	重要工程未参与现场验收，导致电网事故或安全隐患	参与重要工程的现场验收	1. 核查保护设备安装调试质量。 2. 检查现场新保护设备投产交底相关工作，相关技术资料应完整正确并完成交接。 3. 严把新保护设备投产验收关，组织对继电保护装置、二次回路进行整组及重要功能的测试工作	案例 100	
7.6.5	临时过流保护投退	新设备临时过流保护定值整定错误，躲不过正常穿越功率、或对被保护设备无灵敏度、启动结束后没有及时退出，导致保护误动或拒动	启动过程临时后备保护的定值及投退	1. 核查新设备临时过流保护整定值，确保躲过正常穿越功率，并对被保护设备有足够灵敏度。 2. 临时过流保护启动结束后应及时退出		

序号	辨识项目	辨识内容	辨识要点	典型控制措施	案例	修编依据
7.7	**继电保护现场工作**					
7.7.1	参加现场工作	参加现场工作不遵守安全规定，导致误碰	现场工作遵守安全规定	1. 执行 Q/GDW 267—2009《继电保护和电网安全自动装置现场工作保安规定》。 2. 未经运行人员许可不得触及运行设备。 3. 不违规参与保护装置的投停操作。 4. 相邻的运行柜（屏）前后应有"运行中"的明显标志（如红布帘、遮栏等），工作人员在工作前应确认设备名称与位置，防止走错间隔。 5. 正确佩戴劳动防护用品		
7.7.2	现场作业管理	现场工作中风险分级不正确、计划管理不严格、查勘不到位、施工方案不完备、安全措施不到位、作业不规范，导致电网事故	加强现场作业管理，规范现场作业管理制度	1. 加强对 III 级及以上继电保护现场作业风险作业的施工方案及组织措施、技术措施和安全措施的审查，落实到岗到位制度。 2. 制定典型安全措施票及标准化作业指导书，规范现场运维和检修工作。 3. 审核申请票的停电范围、安全措施是否满足现场安全要求和工作范围。 4. 加强对变电站现场运行规程的审核，细化智能设备各类报文、信号、硬压板、软压板的使用说明和异常处置方法		依据调继〔2022〕55 号文《继电保护现场作业风险管控实施细则》第一～六节修订第 1 点
7.7.3	现场事故调查	事故调查时误试验，导致电网事故	规范现场事故调查工作	1. 不违规指挥现场一、二次设备操作。 2. 监督现场做好运行设备的安全措施。 3. 监督现场编制试验项目，制定二次安全措施		

序号	辨识项目	辨识内容	辨识要点	典型控制措施	案例	修编依据
8	**自动化**					
8.1	**自动化运行**					
8.1.1	检修申请及工作票、操作票制度	自动化系统无票工作，导致设备及人身安全	持票工作	1. 执行自动化系统检修申请和批复流程。 2. 自动化系统工作应严格履行工作票、操作票制度。 3. 明确工作内容、操作步骤和影响范围。 4. 严格执行监护和工作验收制度，定期开展监督检查。 5. 严格按照检修批准的开、竣工时间进行工作。 6. 现场实际开工、完工时向自动化值班员汇报，如影响电网调度业务，自动化值班员须征得当值调控员同意并做好相应安全措施后方可许可工作	案例104、案例106	
8.1.2	运行监测	自动化系统和设备运行监测运行监视信号不全、不清，造成自动化系统故障不能及时发现和处理	增补和明确监视信号	1. 监视硬件设备的灯态、电源、风扇等状态。 2. 监视自动化系统服务器、重要工作站重要进程、应用告警信息。 3. 监视自动化系统服务器、重要工作站CPU负荷率、磁盘备用容量等。 4. 监视自动化系统机房温度、湿度、消防报警、UPS电源等。 5. 监视数据库文件系统、表空间等信息。 6. 监视自动化系统网络状态、端口信息等。 7. 监视自动化通道/厂站运行状态等信息。 8. 完善各类告警信号处理预案		
8.1.3	值班与交接班	自动化系统运行值班不能及时发现故障，交接班内容不全面、运行情况交接不清，导致自动化故障不能及时处理	及时发现故障	1. 建立规范的自动化运行值班和交接班制度。 2. 制定规范的值班巡视内容，定时巡检，及时发现自动化系统运行的异常和故障。 3. 交班和接班准备充分、交接内容全面、交接清楚。		

序号	辨识项目	辨识内容	辨识要点	典型控制措施	案例	修编依据
8.1.3	值班与交接班	自动化系统运行值班不能及时发现故障，交接班内容不全面、运行情况交接不清，导致自动化故障不能及时处理	及时发现故障	4. 真实、完整、清楚记录自动化值班日志，值班日志应包括当值自动化检修和操作记录、主站自动化系统异常和事故情况、厂站自动化数据通信异常情况等		
8.1.4	自动化系统故障处理	故障分析不准确，故障处理未采取有效措施	分析故障类型，确定处理方式	1. 故障处理手续齐全，处理前后需向相关部门和人员通报。 2. 监护人员必须到位监护。 3. 按已备操作手册或典型操作进行处理并得到监护人员确认。 4. 做好故障处理记录，建立典型预案和预防措施		
8.1.5	调度自动化系统安全应急预案	未制定或及时修订应急处置预案，导致应急处置不当	预案的修订及演练	1. 定期更新调度自动化系统安全应急预案、应急措施和故障恢复措施。 2. 每年至少开展一次应急演练。 3. 建立健全应急处置方案，每半年至少开展一次故障应急处置方案应急演练。 4. 演练结束后开展评估，对演习过程中暴露的问题，进行修订预案		
8.1.6	外来维护、开发技术人员	外来维护人员误操作、违规操作、超范围操作	规范外来人员工作，严格监督	1. 建立健全外来维护、开发技术人员的管理制度。 2. 外来人员在工作前，应明确工作内容、操作步骤、影响范围、安全措施、注意事项和验收方法，并经工作负责人确认。 3. 工作负责人应向外来人员明确工作内容、现场情况、安全措施及注意事项。 4. 监护人对外来人员进行全程监护，并进行逐项检查、记录，如有异常，监护人应立即制止。 5. 第三方单位维护、开发访问系统前签署安全责任合同书或保密协议	案例105、案例107、案例115	

序号	辨识项目	辨识内容	辨识要点	典型控制措施	案例	修编依据
8.1.7	自动化资料管理	无资料或资料不完整、不真实，造成事故隐患或出现问题无据可查	完善各类台账、资料并归档	1. 制定完善的资料管理制度。 2. 具有上级颁发和结合本单位实际制定的确保系统安全、稳定、可靠运行的管理规程、制度、规定、办法等；有与实际运行设备相符规范的图纸资料档案。 3. 编写各项规章制度及各类运维手册。 4. 记录规范、真实、完整的值班日志、工作票、缺陷记录、检修申请单等，并实现电子化。 5. 自动化设备台账信息应按照要求在调控云模型数模平台上录入	案例 105	
8.1.8	备品备件	自动化系统主要运行设备必要的备品备件不齐全	备品备件核查	1. 配置足够数量的主要设备的备品备件。 2. 建立规范的备品备件清册和档案。 3. 备品备件的储备范围、品类应满足要求		依据国家电网调〔2019〕706 号《国家电网有限公司关于扩大电网二次系统设备备品备件储备规模的通知》第二章修订
8.1.9	容量配置	自动化系统主要服务器 CPU 负载、内存剩余容量、硬盘剩余容量不满足标准要求、自动化系统数据丢失或系统部分功能运行不正常	主站系统容量配置	定期检查 SCADA/EMS、WAMS、OMS、电量采集等系统服务器 CPU 负载、内存剩余容量、硬盘剩余容量、数据库空间、网络状态		
8.1.10	双机冗余	自动化系统重要节点未实现双机冗余、双机不能正常切换	主备双机冗余配置	1. 自动化重要节点设备应按双机冗余配置。 2. 定期对设备进行检查和切换实验，保证主备双机系统运行状况良好、切换正常		
8.1.11	备份功能	备份缺失或不能正确备份，导致数据信息缺失	定期备份	1. 检查各自动化系统数据备份策略和时间。 2. 备份磁盘（介质）存放在规定地点。 3. 定期进行备份数据的恢复试验		

序号	辨识项目	辨识内容	辨识要点	典型控制措施	案例	修编依据
8.1.12	软件测试	系统功能软件升级或新应用软件测试时管理不到位，造成系统功能异常，影响电网安全	软件测试管理	1. 系统功能软件升级或新加系统功能软件前，应制订软件测试方案，并充分论证。 2. 现有系统功能软件升级前进行离线测试，宜进行功能、性能、安全、兼容等方面的测试及验证。 3. 新加系统功能测试时应充分考虑新软件对原有系统的影响，尽量回避可能造成的重大影响，如系统 CPU 负载大幅增加等		根据国家电网安质〔2018〕396 号《国家电网公司电力安全工作规程（信息、电力通信、电力监控部分）》（试行）第 10.1 条增加
8.2	**自动化机房**					
8.2.1	机房环境	自动化机房温度、湿度未达到规定要求，造成自动化设备损坏或停运、乱堆乱放杂物等	温、湿度调控，杂物清理	1. 定期检查机房温、湿度。 2. 定期检查空调制冷设备运行状况和送风通道情况。 3. 适时调整空调温、湿度设定值。 4. 必要时配备移动式风扇。 5. 机房应具有防静电设施，有条件的应备有新鲜空气补给设施。 6. 机房不得堆放无关杂物		
8.2.2	机房火警	自动化机房未配置火灾报警和消防设备，造成机房火灾报警不及时或灭火不及时	消防巡视检查	1. 按照相关消防规定，安装机房火灾报警设备。 2. 按照相关要求，配置足够数量的消防器材。 3. 禁止易燃、易爆物品进入机房，及时清理机房内杂物。 4. 至少配置一套防毒面具	案例110、案例111	
8.2.3	机房防水	自动化机房空调冷凝水处理不好，窗户防暴雨密封性不好，影响机房电源及设备安全	防水巡视检查	1. 检查空调冷凝水管包扎有无泄漏、排水是否通畅。 2. 检查窗户防暴雨的密封性、窗户外雨水可否倒灌机房。 3. 应建立机房漏水监控，并及时告警，定期检查监控情况		

序号	辨识项目	辨识内容	辨识要点	典型控制措施	案例	修编依据
8.2.4	机房接地	自动化机房接地电阻不满足规范的要求，造成雷击损坏自动化设备、接地环网断接或接头松动	接地电阻检测	1. 定期检测自动化机房的接地电阻，并提供测试报告。 2. 定期检查接地环网情况及接头情况，必要时进行机柜和设备导通电阻测试		
8.2.5	机房设备安装	设备安装不牢固、无规范标识，线缆、标签杂乱	规范设备安装及标签、标识牌张贴	1. 机房设备安装应牢固可靠，运行设备应标有规范的标识牌。 2. 连接各运行设备间的动力/信号电缆（线）应整齐布线，强弱电电缆应分开布放，电缆（线）两端应有标识牌		
8.2.6	机房门禁系统	机房未安装门禁或相关出入控制措施	查看机房门禁	1. 机房安装符合等级保护要求的门禁措施，并完善人员进出入机房管理制度。 2. 机房主要出入口应配置视频监控，能对非法进入机房的情况进行报警	案例 110	
8.2.7	机房设备供电	单电源供电，单台 UPS 系统故障或失电造成设备停运	双电源供电	1. 硬件设备采用双路 UPS 供电。 2. 服务器等主要设备自身需具备冗余电源。 3. 对于不具备双电源供电的终端设备（如调控工作站、KVM、显示器等），应具备电源自动化切换功能（如加装 STS 切换装置）		
8.3	**自动化主站电源系统**					
8.3.1	UPS 进线电源	UPS 未采用来自两个不同进线电源供电，或经 ATS 切换后 UPS 交流电源与静态旁路的交流电源为同一组，导致自动化系统停电	双电源供电	1. 应配备专用 UPS 供电，不宜与信息系统、通信系统合用电源。 2. UPS 由来自不同电源点的双路交流电源供电，且 UPS 静态旁路开关与 UPS 主机交流输入取自不同的 UPS 交流进线柜。 3. UPS 交流电源定期进行切换试验		

序号	辨识项目	辨识内容	辨识要点	典型控制措施	案例	修编依据
8.3.2	UPS 运行维护	UPS 维护不到位，蓄电池组放电容量不足，交流电源停电后 UPS 不能正常运行，导致自动化系统失电	UPS 检查与试验	1. 应具备 UPS 供电方式示意图，并定期滚动修改。 2. 每天巡视电源机房，检查 UPS 的运行状况。 3. 每天巡视电源机房，检查温度和湿度。 4. 定期对 UPS 进行充放电试验，检查放电容量是否满足要求，对于性能不满足要求的蓄电池组进行更换。 5. 定期巡视蓄电池，检查蓄电池表面是否有渗液和鼓包现象	案例 109、案例 112	
8.3.3	UPS 工作负载	UPS 电源负载过重，导致交流电源停电后 UPS 不能保证供电时间；配电柜之间开关容量配置不合理，造成越级跳闸	UPS 负载检查，配电柜开关容量配置检查	1. 定期检查 UPS 的负载大小，对不满足容量要求电源及时扩容改造。 2. 负载宜平均分配至三相母线。 3. 制定交流电源停电时负载切除次序，保证重要负载供电时间。 4. UPS 的供电变压器、配电开关容量满足要求，新增设备后需要复算配电柜总开关及上级开关容量是否匹配。 5. 加强对临时接入负载监视并有相关措施。 6. 单机负载率应不高于 40%，电池满载供电时间应不小于 2h	案例 109	依据国家电网设备〔2018〕979 号《国家电网公司十八项电网重大反事故措施》第 16.1.1.2 节修订
8.3.4	UPS 维护作业	无作业指导书和电力监控系统工作票开展工作，不熟悉现场开关情况，导致 UPS 意外停运，应急预案不具体、不具备实用性	UPS 作业指导书、电力监控系统工作票和应急预案	1. 制定完备的安全技术措施，考虑各类可能导致 UPS 无法正常工作后的应对措施。 2. UPS 断电检修时，应先确认负荷已经转移或关闭。 3. 熟练掌握现场开关状态功能和使用规范。 4. 严格执行停机及断电顺序。 5. 建立健全 UPS 电源应急预案，并定期开展培训和演练		

序号	辨识项目	辨识内容	辨识要点	典型控制措施	案例	修编依据
8.4	**自动化基础数据**					
8.4.1	设备入网	设备未经检测或未获得入网资格许可证书	入网设备资质检查	1. 自动化设备的设备配置和选型应符合相关技术标准及选型要求。 2. 自动化设备的采购应严格按照物资采购和招投标的有关规定进行。 3. 入网运行的自动化设备，应通过具有国家认证认可资质的检测机构的检测并提供相应的检测报告		
8.4.2	接入规范	厂站通信及自动化系统接入不规范，导致远动信息无法接入主站系统	符合国家电网公司规定接入规范	1. 建立厂站通信及自动化系统接入规范。 2. 严格把好设计审核关。 3. 根据管理和技术要求及时更新。 4. 根据自动化信息接入规范要求，规范厂站信息		
8.4.3	接入验收	厂站通信及自动化系统验收把关不到位，影响日常信息接收正确率	验收工作规范	1. 建立厂站通信及自动化系统验收标准。 2. 参与系统验收。 3. 在重大缺陷隐患整改完成前不安排启动工作		
8.4.4	新设备启动与变更	电网新设备启动或变更，未及时增加或更新自动化画面和信息，造成调度运行人员不能及时、准确掌握电网运行信息	及时增加或更新自动化信息	1. 按照新设备投运时间要求，及时调试、开通自动化信息传输通道。 2. 增加或修改自动化系统画面和相应遥测、遥信、遥控、遥调、参数信息，并得到调度验收确认。 3. 设备投运前，进行自动化信息及相关参数信息的测试、核对。 4. 现场 TA 变比调整,应有相关流程和通知单		

序号	辨识项目	辨识内容	辨识要点	典型控制措施	案例	修编依据
8.4.5	参数库管理	未建立自动化系统参数库，参数不全，参数维护、备份不及时，造成自动化系统数据错误、电网运行误判断	建立、备份参数库	1. 规范并制定自动化系统参数维护流程和管理规定。 2. 建立系统参数库。 3. 及时维护、备份参数库。 4. 及时更新调控云上图模等参数	案例4、案例5	依据调自〔2022〕25号《国调中心关于印发国家电网有限公司调度系统"数据提升年"活动工作方案的通知》中的重点工作内容修订
8.4.6	主站参数设定	调度主站参数设定错误，为调度或变电运行人员提供错误的运行信息，造成电网运行误判断	参数正确	1. 核对参数信息表，设置模拟量系数、遥控点号以及遥信相关定义。 2. 核对后台机图、库定义的一致性；参数更改要及时记录。 3. 新上间隔要及时进行图、库定义，并进行遥信传动试验、遥测加量试验及遥控试验	案例108	
8.4.7	联动试验	参数设定后，应做试验的不按规定试验，或试验后二次回路、参数变动未及时恢复，造成自动化系统采集或控制数据错误	现场试验	1. 试验仪器应定期校验，使用前检查。 2. 试验项目应全面，尽可能从有效部位试验，无试验盲区。 3. 工作前应精心准备，将试验步骤、试验方法、试验标准写入《作业指导书》，对试验数据进行详细记录分析。 4. 二次回路、参数变动时应详细记录，试验后应及时恢复并核查		
8.4.8	厂站数据质量	各厂、站上传数据的完整性、准确性、一致性、及时性和可靠性存在问题，造成电网运行误判断	检查各类数据	1. 各厂站上传调度所需信息满足可观测要求。 2. 上传信息符合各有关规程精度要求，特别是死区设定及设备参数辨识。 3. 模型和参数统一管理、分级维护、关联存储。 4. 为各类信息提供及时、同一时标数据。 5. 确保系统和数据通信稳定、可靠。 6. 按照国家电网公司《交流采样测量装置运行检验管理规程》对设备进行相关检验		

序号	辨识项目	辨识内容	辨识要点	典型控制措施	案例	修编依据
8.4.9	通道冗余	自动化信息未按双通道配置、双通道不能正常切换	通道冗余配置	1. 厂站至主站至少应具备两路独立路由的远动通道。 2. 主站应具备通道监视画面，当有通道故障时可有明显的标示和提示。 3. 通道故障时应及时启动检修流程		
8.5	**自动化系统应用维护**					
8.5.1	电网运行稳态监视功能维护	电网运行稳态监视功能维护不到位，功能有缺项或停运，导致电网调度控制运行监控不及时、不全面	检查监视功能，如：断面潮流越稳定限额或频率越限告警、母线电压越限告警，故障和事故前后的系统频率、电压、潮流和开关动作等变化过程的完整记录，事件反演；SCADA 功能中的事件告警、事件顺序记录（SOE）、事故追忆（PDR）、动态网络着色、频率越限告警、事故推画面、极值潮流	1. 维护各项监视功能运行正常。 2. 随电网网架的变化及时更新监视内容。 3. 及时维护参数库数据。 4. 建立自动化系统功能，完善维护业务流程。 5. 实现全网及分区低频低压减载、限电序位负荷容量的在线监视	案例113、案例114	
8.5.2	AGC、AVC维护	AGC、AVC 自动控制功能维护不到位，应用项有退出或功能不能满足要求，导致电网频率、电压控制错误	检查 AGC、AVC运行	1. 维护 AGC、AVC 系统运行正常。 2. 随电网的变化及时更新监视内容。 3. 经调度许可后及时维护参数库数据。 4. 实现全网旋转备用容量或 AGC 调节备用容量的在线监视。 5. 实现机组一次调频投入情况的在线监视。 6. 凡有 AVC 调整的变电站，在投运前应测试合格，方允许投入 AVC 控制	案例107	

序号	辨识项目	辨识内容	辨识要点	典型控制措施	案例	修编依据
8.5.3	状态估计维护	模型参数维护不及时，或数据采集异常，导致状态估计合格率低	维护模型参数，检查系统运行	1. 电网结构变化时，及时维护系统模型、参数。 2. 保证调度控制系统数据采集的正确性，发现可疑数据时应及时进行确认处理。 3. 检查状态估计覆盖率。 4. 检查单次状态估计计算时间。 5. 检查状态估计月可用率。 6. 检查遥测估计合格率		
8.5.4	调度员潮流维护	系统模型参数错误、数据采集不正确，导致调度员潮流计算结果错误	维护模型参数，检查系统运行	1. 电网结构变化时，及时维护系统模型、参数。 2. 保证调度控制系统数据采集的正确性，发现可疑数据时应及时进行确认处理。 3. 检查单次潮流计算时间。 4. 检查调度员潮流计算结果误差。 5. 检查调度员潮流月可用率		
8.5.5	静态安全分析维护	系统模型参数错误、数据采集不正确，导致静态安全分析结果错误	维护模型参数，检查系统运行	1. 电网结构变化时，及时维护系统模型、参数。 2. 检查静态安全分析功能的月可用率。 3. 检查故障扫描平均处理时间		
8.5.6	WAMS 系统维护	WAMS 系统子站布点不足，信息采集不全，或主站系统电网模型参数未及时维护更新，造成系统功能未能发挥	完善信息采集点，检查系统运行	1. 定期检查 PMU 装置与 WAMS 主站通信状态。 2. 核对、检查 WAMS 系统数据与 EMS 系统数据的一致性。 3. 及时新增或更新 WAMS 系统网络模型、参数		

序号	辨识项目	辨识内容	辨识要点	典型控制措施	案例	修编依据
8.5.7	在线安全稳定分析维护	系统模型参数错误、数据采集不正确，导致在线安全稳定分析功能异常	维护模型参数，检查系统运行	1. 电网结构变化时，及时维护系统模型、参数。 2. 确保 WAMS 系统数据的可靠性和完整性。 3. 检测暂态稳定分析与评估功能。 4. 检测静态电压稳定性评估功能。 5. 检测小干扰稳定评估功能。 6. 检测基于安全域的稳定检测及可视化功能。 7. 检测基于 WAMS 互联的分析及告警功能		
8.5.8	DTS 系统维护	DTS 系统未实现与 EMS 系统的互联，或模型拼接有错误，导致 DTS 计算结果错误	维护模型参数，检查系统运行	1. 与调度控制系统的画面、参数要同步更新。 2. 检测与调度控制系统的模型拼接情况。 3. 检测网省或省地间的模型拼接情况		
8.5.9	电量采集系统维护	未实现关口计量和电能考核点的数据采集与处理的完整性，造成计量缺失	关口维护	1. 新增、变更关口计量点和电能考核点的维护。 2. 检查通信通道的运行情况。 3. 检测上网电量、受电量、供电量、网损的准确性		
8.5.10	调度运行管理系统信息维护	自动化设备管理（包括各个系统主站、厂站设备台账等应用）、运行管理（运行日志、检修申请单、故障与缺陷处理流程、运行报表与指标统计等应用）等未及时维护，造成风险评估、EMS 应用出错	调度运行管理系统信息及时维护	1. 建立第一责任人制度，完善流程，保障台账信息及时更新。 2. 定期检查运行日志、运行报表等模块的运行情况。 3. 定期检查检修申请单、故障与缺陷处理流程等流程		
8.5.11	负荷预测维护	系统模型维护不正确、数据采集异常导致负荷预测结果错误，或系统异常导致无法上报发送数据	检查系统运行，检查采集数据正确性	1. 保证调度控制系统数据采集的正确性，发现可疑数据时应及时进行确认处理。 2. 检查负荷预测合格率。 3. 检查系统进程和网络状态是否正常		

序号	辨识项目	辨识内容	辨识要点	典型控制措施	案例	修编依据
8.5.12	数据网设备维护	数据网络设备的参数配置随意改变，造成网络中断	参数配置是否符合要求	1. 各节点进行工作时，若影响到数据网络设备，必须提前三天向相关调控机构提出书面申请，经批复同意后方可进行工作。 2. 加强数据网设备的运行管理，保证网络的正常运行		依据调自〔2014〕336号《国家电网公司电力调度数据网管理规定》第32条修订
8.6	**备用调度系统**					
8.6.1	维护人员	配备不足，影响备调正常运作	人员到岗，维护分工明确	1. 有分工、有人员、有检查。 2. 属地化维护和主调维护。 3. 属地化人员到岗到位。 4. 备调与主调定期轮换		
8.6.2	数据同步	数据、画面不能正常与主调同步	定期检查、比对	1. 主、备调同步维护。 2. 定期跟踪、监视		
8.6.3	系统维护	备用系统维护不到位，系统无法达到备用功能	系统正常运行，指标满足要求	1. 建立备调运行管理规定并有效执行。 2. 备调系统模型参数、功能模块的及时维护		
8.6.4	日常巡视	日常巡视不到位，导致备用系统因设备或环境问题导致不可用	常态化开展巡视工作	1. 备调及同城备调硬件功能巡视。 2. 备调及同城备调机房动力环境巡视		依据调技〔2021〕35号《国调中心关于印发〈国家电网有限公司调度机构备用调度运行管理工作规定〉》中第14条修订
8.6.5	定期切换演练	未按规定要求定期进行主备调切换演练或演练未达到规定要求	定期切换演练	1. 建立主备调定期切换演练机制。 2. 定期切换演练方案、措施齐备。 3. 定期切换演练手续齐备、记录完整		

序号	辨识项目	辨识内容	辨识要点	典型控制措施	案例	修编依据
8.6.6	备调信息更新及时性	更新不及时造成备调信息错误或导致电网事故及其他不良影响等	保证信息更新的及时性	1. 健全备调运行维护制度并督促落实。 2. 调控专业定期更新调控运行所需资料。 3. 自动化专业定期更新相关的电网模型、参数。 4. 通信专业根据调度对象变动情况及时更新调度电话相关信息。 5. 系统、计划、继电保护、水电及新能源等专业定期更新本专业所需资料		
8.7	**变电站监控系统**					
8.7.1	测控装置功能	测控装置"三遥"功能验收不良,存在安全隐患:遥测偏差大、遥信不准确、遥控存在误控漏控,逻辑"五防"功能存在漏洞	测控装置功能检查	1. 遥测量分相、按大小额定值检查,确保精度。 2. 遥信信号逐个核对,确保信号与实际相符。 3. 遥控按间隔、分种类逐个检查,确保准确。 4. 逻辑"五防"功能检查到位,采用自查互查抽查的方式,确保无遗漏		
8.7.2	后台机功能	遥信信号不全,软压板遥控功能不正确	后台机功能检查	1. 确保变电站内装置的任何异常信号都在后台有所反映。 2. 智能变电站保护装置功能和出口软压板遥控至关重要,按间隔双人合作逐个检查保护装置功能软压板和出口软压板的投退正确性		
8.7.3	电源配置	厂站远动装置、计算机监控系统、测控单元等自动化设备的供电电源未配备可靠的不间断电源或未采用厂站内直流电源供电	不间断电源使用情况及容量检查	1. 参与新建、改造变电站设计审核。 2. 对无不间断电源的厂站进行改造。 3. 对电源负载过重,导致交流电源停电后UPS不能保证供电时间的厂站进行扩容改造		

序号	辨识项目	辨识内容	辨识要点	典型控制措施	案例	修编依据
8.7.4	设备防雷、接地	自动化相关设备未加装防雷（强）电击装置，或未可靠接地	防雷、接地	1. 自动化设备加装防雷（强）电击装置，且可靠接地。 2. 定期进行接地电阻测试和防雷元件检查		
8.7.5	时钟同步装置管理	厂站未配置统一的时间同步装置，对时装置天线安装不良	对时检测	1. 变电站应建立时间同步机制，设置双机冗余的全站统一时钟装置。 2. 变电站内时钟装置应支持北斗和GPS 对时，并优先采用北斗对时。 3. 变电站外 GPS 或北斗天线严格按照施工要求安装，避免天气原因导致的对时系统异常。 4. 新投运的时钟同步装置应具备时间同步监测功能		
8.7.6	远动信号电缆抗干扰	远动信号电缆未采用屏蔽电缆，屏蔽层（线）未接地，信号接口处未加装防雷（强）电击装置	远动信号电缆检查	1. 采用屏蔽电缆，且屏蔽层接地。 2. 信号接口处加装防雷（强）电击装置		
8.7.7	定值单规范	自动化定值单不规范、不齐全，导致现场参数设置错误	定值单内容规范	1. 规范自动化定值单内容，至少包括定值单编号、执行日期、设备名称、装置型号。 2. 定值单人员签字应齐全		
8.7.8	监控系统版本管理	监控系统装置软件版本不受控，因软件升级等造成误控，导致电网事故	规范监控系统版本管理	1. 严格监控系统软件版本异动和受控管理。 2. 定期核实自动化软件版本，及时安排版本升级。 3. 规范程序投运流程		
8.7.9	标签规范	网线、光纤、压板、把手标签缺失或不正确	标签检查	1. 网线、光纤、压板、把手都应贴有明显的标签。 2. 网线、光纤标签写清楚来源、去向。 3. 压板标签写清楚功能。 4. 把手标签写清楚对应的开关编号		

序号	辨识项目	辨识内容	辨识要点	典型控制措施	案例	修编依据
8.7.10	数据通信网关机备份管理	数据通信网关机无备份或备份不及时，导致后期完善功能时埋下隐患	数据通信网关机备份检查	1. 对每一个变电站存有至少两份数据通信网关机备份。 2. 检查数据通信网关机软件为最新稳定版本，避免后期修改造成部分功能缺失		
8.7.11	光纤断链报警	光纤发生断链时不能及时报警，导致部分功能丧失而不知道	光纤断链信号检查	站内装置的每一根光纤被拔下都能在后台报相应的装置 GOOSE 或 SV 断链信号		
8.7.12	自动化系统运行中事故防范	改造、检修、试验等工作中厂站端自动化装置发生误整定、误接线、误碰、误操作，运维人员进行保护装置压板投退、把手切换等二次设备操作错误，因自动化设备原因引起的电网安全事故	加强监护、核对	1. 认真填写现场工作作业指导书（卡），并执行电力监控系统工作票。 2. 按照压板操作履历表进行操作。 3. 监护人认真核查遥控对象、性质选择。 4. 根据自动化设备定值单设置测控、远动装置、当地监控系统参数。 5. 参数整定后按规定试验。 6. 做好遥控试验的安全措施		
8.8	**自动化现场工作**					
8.8.1	工作票（操作票）	无票工作（操作），安全措施不到位，造成设备损坏、系统运行异常	检查工作票所列安全措施是否正确、操作票是否规范	1. 自动化现场工作需严格执行工作票制度，履行开工手续后方可工作。 2. 现场工作严格执行标准化作业指导书（卡）。 3. 工作票的填写、签发和使用应符合规范	案例 104	依据国家电网安质〔2018〕396 号《国家电网公司电力安全工作规程（信息、电力通信、电力监控部分）》（试行）第 3.3.1.1 节新增第 3 点
8.8.2	监护作业	电力监控系统作业、低压回路工作中无人监护，误碰其他带电设备，造成触电事故	施工中监视	1. 检修电源箱接取、拆卸电源时，与带电部位保持足够的安全距离。 2. 使用绝缘合格的工具时，注意将工具裸露金属部位进行绝缘处理。 3. 接取的电源应具备漏电保安器。 4. 低压电源的接取至少 2 人进行，必要时应设专人监护。 5. 必要时采取可靠的防护隔离措施。 6. 电力监控系统作业过程中需监护内容，应确保监护执行到位		依据国家电网安质〔2018〕396 号《国家电网公司电力安全工作规程（信息、电力通信、电力监控部分）》（试行）第 3.3.8.2 节新增第 6 点

序号	辨识项目	辨识内容	辨识要点	典型控制措施	案例	修编依据
8.8.3	系统故障	现场工作的过程中系统发生故障，原因未查明继续工作，影响事故处理，造成事故扩大	系统发生故障后应暂停工作	1. 系统发生故障后，不管与自身工作是否相关均应中断工作。 2. 待故障原因查明后方可继续工作		
8.8.4	临时电源	现场临时电源管理不规范，造成触电事故	临时电源敷设后检查	1. 应合理敷设临时电源线，避免与金属型材、金属线材交叉使用，否则应采取防护隔离措施。 2. 临时电源线的外绝缘应良好，接地方式正确。 3. 经过路面的临时电源线应有防止重物轧伤的措施。 4. 电源容量、线径、线型、插座、保险的配置必须满足规范，杜绝安全隐患。 5. 临时电源应使用漏电保护		
8.8.5	电动工器具	电动工器具的使用不规范，电动工器具绝缘不合格，造成触电事故	工作前检查、工作中监视	1. 使用前检查电线绝缘是否完好。 2. 使用时不准提着电器工器具的导线部分。 3. 电动工器具的电线不准接触热体，不要放在潮湿地面上，并避免重物压在电线上。 4. 使用电动工器具应与带电部位保持足够的安全距离。 5. 工器具外壳按防护等级要求可靠接地		
8.8.6	标识牌管理	线缆未按规定设置标识牌，造成误碰、误拔，影响系统运行	检查线缆标识牌	线缆按要求设置相应标识牌，规范接线		
8.8.7	动火施工	动火焊切时，防火措施不到位，引起火灾（或火情）	工作前检查、工作中监护、工作后清理现场	1. 施工前按照要求规定办理相关手续。 2. 周边防火措施到位。 3. 熟悉灭火器的使用		依据Q/GDW 1799.1—2013《国家电网公司电力安全工作规程（变电部分）》第16.6.1节修订第1点

序号	辨识项目	辨识内容	辨识要点	典型控制措施	案例	修编依据
8.8.8	现场设备检修	运行设备与检修设备没有设置隔离措施或明显标记,导致误动运行设备	运行设备与检修设备设置隔离措施或明显的标记	1. 检修工作开展前,应对检修设备进行确认。 2. 使用"运行中"和"在此工作"标识区分检修设备和两边的运行设备		
8.8.9	电流、电压互感器	电流互感器回路开路、电压互感器回路短路	二次回路检查	1. 短接电流互感器二次绕组时,必须使用专用短接片或短接线正确短接,严禁导线缠绕。 2. 电压互感器回路上工作时,使用绝缘手套和绝缘工具		
8.8.10	交直流回路	1. 对交直流回路操作不当造成短路。 2. 装置交直流回路与其他回路不正确连接,造成装置损坏。 3. 触电事故	交直流回路核查	1. 在线检查交直流回路时,正确使用万用表。 2. 退出二次接线时,应将前一级熔断器退出,或逐相退出二次接线并用绝缘胶布密封外露的导体部分		
8.8.11	站控层测试	1. 监控双机/双网同时退出运行,导致后台监控系统失效。 2. 数据通信网关机双机同时退出,导致各级调度通信中断	逐一检测	1. 检测双机/双网系统时必须单台/单网进行,并保证一台设备做测试时,另外一台设备正常运行。 2. 检测数据通信网关机为双机时必须单台进行,并保证一台设备做测试时,另外一台设备正常运行		
8.9	**涉网技术监督**					
8.9.1	涉网调度自动化系统设备配置	设备未经检测或未获得入网资格许可证书	入网设备资质检查	1. 自动化设备的设备配置和选型应符合相关技术标准及选型要求。 2. 自动化设备的采购应严格按照物资采购和招投标的有关规定进行。 3. 入网运行的自动化设备,应通过具有国家认证认可资质的检测机构的检测并提供相应的检测报告		依据国能综通安全〔2023〕21号《国家能源局综合司关于开展电力二次系统安全专项监管工作的通知》第四章新增

序号	辨识项目	辨识内容	辨识要点	典型控制措施	案例	修编依据
8.9.2	涉网通信管理	厂站通信及自动化系统接入不规范,导致远动信息无法接入主站系统	符合国家电网公司规定接入规范	1. 建立厂站通信及自动化系统接入规范。 2. 严格把好设计审核关。 3. 根据管理和技术要求及时更新。 4. 根据自动化信息接入规范要求,规范厂站信息		依据国网运检部〔2017〕106号《国家电网公司技术监督工作管理规定》第9条修订
8.9.3	运行数据考核	各厂、站上传数据的完整性、准确性、一致性、及时性和可靠性存在问题,造成电网运行误判断	检查各类数据	1. 各厂站上传调度所需信息满足可观测要求。 2. 上传信息符合各有关规程精度要求,特别是死区设定及设备参数辨识。 3. 模型和参数统一管理、分级维护、关联存储。 4. 为各类信息提供及时、同一时标数据。 5. 确保系统和数据通信稳定、可靠。 6. 按照国家电网公司《交流采样测量装置运行检验管理规程》对设备进行相关检验		依据国网运检部〔2017〕106号《国家电网公司技术监督工作管理规定》第9条修订
9	**电力监控系统安全防护**					
9.1	**基本原则**					
9.1.1	安全分区	安全分区不合理、检测手段不完备	安全分区与隔离	1. 安全分区设置不合理,未按照控制区与非控制区的典型特征设置安全分区。 2. 业务系统置于不同安全分区不合理。 3. 控制区未禁止 E–Mail、WEB;非控制区未使用支持 HTTPS 的安全 WEB 服务;未禁止穿越生产控制大区和管理信息大区之间边界的通用网络服务(如 FTP、HTTP、TELNET、MAILRLOGIN、SNMP 等)。 4. 生产控制大区应使用经国家指定部门认证的安全加固的操作系统。 5. 禁止不同安全区跨区互联,禁止非法外联。 6. 调度数据网未覆盖到的电力监控系统(如配电网自动化、负荷控制管理、分布式能源接入等)应当设立安全接入区,并采用安全隔离、访问控制、认证及加密等安全措施		依据 GB/T 36572—2018《电力监控系统网络安全防护导则》第6.2节、国能安全〔2015〕36号《国家能源局关于印发电力监控系统安全防护总体方案等安全防护方案和评估规范的通知》附件1 电力监控系统总体防护方案修订第3点、第6点

序号	辨识项目	辨识内容	辨识要点	典型控制措施	案例	修编依据
9.1.2	网络专用	未在专用通道上独立组网，未与外部网络隔离，未设立安全接入区，网络路由等限制措施不合理	独立通道、独立波长、独立纤芯、网络路由等	1. 应使用专用通信通道独立网络设备进行组网。 2. 应将电力调度数据网分割为逻辑上相对独立的实时子网和非实时子网，分别对应控制业务和非控制生产业务。 3. 应严格配置网络设备的安全设置，包括限定网络服务、避免使用默认路由、设置受信任的网络地址范围等。 4. 应采用 QoS 等技术措施保证实时子网与非实时子网带宽。 5. 电力调度数据网应采用安全分层分区设置的原则；各厂站按照调度关系接入两层接入网		依据 DL/T 1936—2018《配电自动化系统安全防护技术导则》、GB/T 36572—2018《电力监控系统网络安全防护导则》第 3 条修订
9.1.3	横向隔离	横向边界隔离措施不合理	横向安全防护	1. 在生产控制大区内部部署硬件防火墙或者相当功能的设施进行横向隔离。 2. 在生产控制大区与管理大区间部署电力专用横向单向物理隔离装置进行隔离。 3. 在安全接入区与生产控制大区中其他部分的连接处设置电力专用横向单向安全隔离装置。 4. 查看访问控制策略按最小化原则进行配置。 5. 禁止 E–Mail、WEB、Telnet、Rlogin、FTP 等安全风险高的通用网络服务和以 B/S 或 C/S 方式的数据库访问穿越专用横向单向安全隔离装置，仅允许纯数据的单向安全传输		依据 GB/T 36572—2018《电力监控系统网络安全防护导则》第 1 条、第 3 条修订
9.1.4	纵向认证	调度数据网或其他生产控制大区专用数据网络纵向边界未采用加密认证等防护措施	纵向安全防护	1. 在安全 I、II 区纵向互联的网关节点上部署纵向加密认证装置，并配置密文通信；在安全III区纵向互联的网关节点上部署硬件防火墙，完善策略配置，防止病毒和黑客入侵。	案例 124	依据 GB/T 36572—2018《电力监控系统网络安全防护导则》第 6.2.5 第 3 条、附录 B（规范性附录）《变电站监控系统安全防护》修订

序号	辨识项目	辨识内容	辨识要点	典型控制措施	案例	修编依据
9.1.4	纵向认证	调度数据网或其他生产控制大区专用数据网络纵向边界未采用加密认证等防护措施	纵向安全防护	2. 安全Ⅰ、Ⅱ区延伸网络或调度数据网延伸网络出口处配置纵向加密认证装置或者加密认证网关及相应设施。 3. 远方控制功能的业务采用调度数字证书系统。 4. 访问控制策略按最小化原则进行设置。 5. 纵向加密认证装置（卡）的配置：操作员卡或 U-key 正常使用、保管，登录设备需要操作员卡及 PIN 码不为默认密码。 6. 开启日志记录，满足保存 6 个月的最低要求。 7. 采用 SM2 国产加密算法		
9.2	**网络安全管理系统**					
9.2.1	主站管理平台	主站未部署网络安全管理平台或部署不完整、不合理	网络安全管理平台	1. 在主站安全Ⅱ区部署数据网关机，接收并转发来自厂站的网络安全事件。 2. 在主站安全Ⅱ区部署网络安全管理平台，实现对网络安全事件的实时监视、集中分析和统一审计	案例 122	
9.2.2	厂站网络安全监测装置	厂站未部署网络安全监测或部署规范，采集数据不完整	网络安全监测装置	1. 在主站安全Ⅰ、Ⅱ、Ⅲ区分别部署网络安全监测装置，采集服务器、工作站、网络设备和安防设备自身感知的安全数据及安全事件。 2. 在变电站、并网电厂电力监控系统的安全Ⅱ区（或Ⅰ区）部署网络安全监测装置，采集变电站、并网电厂服务器、工作站、网络设备和安防设备自身感知的安全数据及网络安全事件,转发至调控机构网络安全监管平台的数据网关机	案例 123	

序号	辨识项目	辨识内容	辨识要点	典型控制措施	案例	修编依据
9.2.3	数字证书和安全标签	未按照电力调度管理体系要求进行配置	加密认证机制涵盖生产控制大区中的所有重要业务系统	1. 省级及以上调度控制中心应配置调度数字证书系统。 2. 电力调度数字证书应符合国家相关安全要求。 3. 电力调度数字证书系统的建设运行应当符合如下要求：① 各级电力调度数字证书系统用于本调度中心及调管范围内的人员、程序和设备证书，上下级电力调度数字证书系统通过信任链构成认证体系；② 采用统一的数字证书格式，采用满足国家有关要求的加密算法；③ 电力调度数字证书服务支持相关应用系统和安全专用设备；④ 电力调度数字证书的生成、发放、管理以及密钥的生成、管理应当脱离网络，独立运行。 4. 新建设的电力监控系统应当支持电力调度数字证书的应用，老旧系统的对外接口部分应当进行相应的改造。 5. 安全标签应当纳入电力调度数字证书系统管理		依据 GB/T 38318—2019《电力监控系统网络安全评估指南》第 3 条、GB/T 36572—2018《电力监控系统网络安全防护导则》第 2 条、第 5 条、DL/T 2335—2021《电力监控系统网络安全防护技术导则》第 1 条修订
9.2.4	恶意代码防范	生产控制大区或涉网系统未部署恶意代码防护措施	恶意代码防护措施部署和使用	1. 应在生产控制大区与管理信息大区分别部署恶意代码防护系统，实现对恶意代码的监测、分析和管理。特征库更新前应进行测试，禁止直接通过因特网在线更新。 2. 查看调度主站、发电厂应对病毒库、木马库及入侵检测系统（IDS）规则库更新至 6 个月内最新版本，应事先测试对业务系统无影响后进行更新	案例 132	依据GB/T 36572—2018《电力监控系统网络安全防护导则》第 1 条、DL/T 2335—2021《电力监控系统网络安全防护技术导则》第 7 条、DL/T 2338—2021《电力监控系统网络安全并网验收要求》第 2 条、GB/T 38318—2019《电力监控系统网络安全评估指南》第 3 条、国能发安全〔2023〕22 号《防止电力生产事故的二十五项重点要求》第 19.2 修订

序号	辨识项目	辨识内容	辨识要点	典型控制措施	案例	修编依据
9.2.5	可信安全免疫	电力监控系统未按要求采用基于可信计算的安全免疫防护技术	重要操作系统和电力监控软件的可信验证功能部署	1. 查看核心控制功能业务主机设备（至少包括 SCADA、AGC、AVC）及相应服务器部署可信验证装置，保证设备启动和执行过程的安全。 2. 第三级以上电力监控系统应在应用程序采用可信验证手段。 3. 可信安全装置应具备基于可信计算的关键控制软件强制版本管理、静态和动态安全免疫功能。 4. 重要电力控制系统程序代码修改后应经过专业检测和真型动态模拟测试，且通过安全可信封装保护和安全可信度量，并在备用设备上测试		依据 GB/T 36572—2018《电力监控系统网络安全防护导则》第 3 条、《关于落实网络安全保护重点措施深入实施网络安全等级保护制度的指导意见》第 4 条、DL/T 2473.2—2022《可调节负荷并网运行与控制技术规范 第 2 部分：网络安全防护》第 6.3 节、国能发安全〔2023〕22 号《防止电力生产事故的二十五项重点要求》第 19.2 条修订
9.2.6	运维审计管理	在网络中未部署运维网关、集中管理平台等措施	运维网关的部署和使用	1. 应在网络中部署运维网关、集中管理平台等措施，实现对各类人员的集中认证、授权及操作审计。 2. 调度主站、变电站、发电厂未配置运维网关(堡垒机和变电站便携式运维网关)、专用安全 U 盘、专用运维终端等装备，监控业务主机未拆除或禁用不必要的光驱、USB 接口、串行口等	案例 127、案例 133~案例 137	依据《关于落实网络安全保护重点措施深入实施网络安全等级保护制度的指导意见》第 4 条、DL/T 2335—2021《电力监控系统网络安全防护技术导则》第 2 条、国能发安全〔2023〕22 号《防止电力生产事故的二十五项重点要求》第 19.2 条修订

序号	辨识项目	辨识内容	辨识要点	典型控制措施	案例	修编依据
9.3	**通用安全防护**					
9.3.1	安全加固	安全加固不完善	加固防护，权限、服务端口最小化，加强访问控制	1. 生产控制大区应使用经国家指定部门认证的安全加固的操作系统。 2. 关闭不需要的系统通用服务，控制区禁止 E-Mail、Web 等服务；非控制区可使用支持 HTTPS 的安全 Web 服务。 3. 生产控制大区的主机应拆除或关闭软盘驱动、光盘驱动、USB 接口、串口等外部接口，并对未启用的端口采用物理、逻辑封堵。 4. 应按照《电力监控系统网络安全防护基本策略》等相关文件配置要求进行安全加固	案例125、案例127、案例133	依据《防止电力生产事故的二十五项重点要求》第19.2条，DL/T 1936—2018《配电自动化系统安全防护技术导则》第5.1条，DL/T 2192—2020《并网发电厂变电站电力监控系统安全防护 验收规范》第7.1、7.4条，《电力监控系统网络安全防护基本策略》修订
9.3.2	安防策略配置	安防策略配置不满足最小化原则	安全防护设备策略及白名单配置最小化	1. 按需分配用户账号和权限。 2. 开启用户登录鉴别处置功能。 3. 横向隔离装置应根据业务需求进行配置。 4. 纵向加密认证装置禁止明文通信。 5. 纵向加密认证装置应具备集中远程管控功能。 6. 厂站端网络安全监测装置应满足"应接尽接"要求，并接入网络安全管理平台。 7. 遵循最小化配置原则，删除白名单中不必要的端口和服务。 8. 定期开展安防设备巡检工作	案例125、案例126	依据 DL/T 2192—2020《并网发电厂变电站电力监控系统安全防护验收规范》第7.4修订

序号	辨识项目	辨识内容	辨识要点	典型控制措施	案例	修编依据
9.3.3	运维人员、设备、账号管理	运维人员、设备、账号配置	人员、设备备案，运维账号配置合规合理	1. 运维单位应与外部服务商及人员签订安全保密协议，控制其工作范围和操作权限，实施安全监护。 2. 人员出入登记表未包含进出人员身份、进入时间、离开时间等信息。 3. 调度主站、变电站、发电厂生产控制大区各业务系统的调试工作，应采用经安全加固的便携式计算机及移动介质，按照调度分配的最小化安全策略和网络资源实施。 4. 落实用户实名制和身份认证措施。在生产控制大区严禁拨号访问和远程运维。 5. 应有专人负责账号、权限、密码的管理。 6. 使用强口令，定期更换密码。 7. 安全Ⅰ区工作站严禁使用 root 模式登录。 8. 系统或设备调试结束后，临时账号、过期账号需及时删除，及时修改默认账号、口令	案例125、案例126、案例128、案例133～案例137	依据国能发安全〔2023〕22号《防止电力生产事故的二十五项重点要求》第19.2条，《国家电网有限公司电力监控系统网络安全管理规定》第28条，GB/T 38318—2019《电力监控系统网络安全评估指南》第8.2条，DL/T 1941—2018《可再生能源发电站电力监控系统网络安全 防护技术规范》第7.5、9.3条，DL/T 2192—2020《并网发电厂变电站电力监控系统安全防护验收规范》第7.4条修订第1～3、5、7、8点
9.3.4	移动介质安全	未按规定使用移动介质，未经防病毒软件检查，在调度自动化系统上使用，导致系统服务器感染病毒	移动介质管理	1. 使用移动介质管理系统。 2. 使用专用移动介质，禁止自带未经许可的移动介质在内网使用。 3. 移动介质使用前进行病毒检查。 4. 禁用或拆除光驱		
9.3.5	调试设备安全	未按规定使用专用调试设备，未经许可使用自带调试设备，导致系统服务器感染病毒	调试设备安全	1. 专人负责调试设备管理。 2. 使用专用调试设备，禁止自带未经许可的调试设备在内网使用	案例134～案例137	

序号	辨识项目	辨识内容	辨识要点	典型控制措施	案例	修编依据
9.3.6	运维操作审计管理	运维操作不符合安全要求	操作合规合理	1. 调度主站、变电站、发电厂应记录电力监控系统网络运行状态、网络安全事件的日志应保存不少于 6 个月。 2. 对用户登录本地操作系统、访问系统资源等操作进行身份认证，并且未对操作行为进行安全审计。 3. 严格管控生产控制大区拨号访问和远程运维，确需使用的，应按要求落实技术和管理措施，严格实施监控和审计		依据国能发安全〔2023〕22 号《防止电力生产事故的二十五项重点要求》第 19.2 条、国网（调/3）1021—2020、《国家电网有限公司电力监控系统网络安全运行管理规定》、DL/T 1936—2018《配电自动化系统安全防护技术导则》第 4.6 条、GB/T 38318—2019《电力监控系统网络安全评估指南》第 8.4 条、DL/T 1941—2018《可再生能源发电站电力监控系统网络安全 防护技术规范》第 9.3 条修订第 1～3 点
9.3.7	数据备份	未做好各类系统配置、源代码及运行数据备份与恢复管理，造成自动化数据丢失	数据备份与恢复管理	1. 专人负责数据备份。 2. 明确各自动化系统数据备份策略和时间。 3. 规定备份磁盘（介质）存放在地点。 4. 定期进行恢复性试验，确保备份功能和备份数据的可用性		
9.3.8	安全等级保护测评及评估	未按要求定期开展电力监控系统安全等级保护测评和电力监控系统安全评估	开展等级保护测评及评估	1. 按要求开展等级保护备案。 2. 定期开展电力监控系统安全等级保护测评。 3. 定期开展电力监控系统安全评估，关键信息基础设施每年至少开展一次评估。	案例 130	依据 GB/T 36572—2018《电力监控系统网络安全防护导则》、GB/T 38318—2019《电力监控系统网络安全评估指南》、

序号	辨识项目	辨识内容	辨识要点	典型控制措施	案例	修编依据
9.3.8	安全等级保护测评及评估	未按要求定期开展电力监控系统安全等级保护测评和电力监控系统安全评估	开展等级保护测评及评估	4. 电力监控系统在上线投运之前、升级改造之后应进行安全评估,不符合安全防护规定或存在严重漏洞的不可投入运行。对于等级保护三级及以上系统和电力行业关键信息基础设施,应同步开展商用密码应用安全性评估工作。 5. 电力监控系统应在投入运行后30日内办理等级保护备案手续。已投入运行的电力监控系统,应按照相关要求定期开展等级保护测评及安全防护评估工作。针对测评、评估发现的问题,应及时完成整改	案例 130	GB/T 30976.1—2014《工业控制系统信息安全 第1部分:评估规范》、国能发安全〔2023〕22号《防止电力生产事故的二十五项重点要求》第19.2条、国能发安全〔2022〕101号《电力行业网络安全等级保护管理办法》第13、23条、GB/T 39204—2022《信息安全技术关键信息基础设施安全保护要求》第7.1条、《电力行业网络安全工作的指导意见》第8条、DL/T 2335—2021《电力监控系统网络安全防护技术导则》第4条等修订
9.4	网络安全运行管理					
9.4.1	运行值班	未建立值班队伍、明确值班人员,运行值班手段不完备	值班队伍及值班人员	1. 省、地调应建立运行值班队伍,开展7×24h值班,并建立交接班制度。 2. 运行值班人员应做好网络安全运行记录工作,按月对运行情况进行统计、分析及汇总。 3. 地级及以上网安值班应有相应的值班规范,值班员须经过人员备案、培训认证,并签署保密协议		依据国网(调/3)1021—2020《国家电网有限公司电力监控系统网络安全运行管理规定》第1～3条修订

序号	辨识项目	辨识内容	辨识要点	典型控制措施	案例	修编依据
9.4.2	网络安全运行监视和处置	未对电力监控系统网络安全运行情况进行有效监视和及时处置	运行监视的技术手段完备,处置合理	发现紧急告警应立即处理,重要告警应在24h内处理,多次出现的一般告警应在48h内处理		依据国网(调/3)1021—2020《电力监控系统网络安全运行管理规定》第15条修订
9.4.3	应急与演练	未编制应急预案,未进行应急演练	应急预案与应急演练	1. 建立网络安全事件应急机制。 2. 编制网络安全应急预案并滚动修编。 3. 每年至少开展一次应急演练	案例131	
9.4.4	网络安全业务闭环管理	新增或更改电力监控系统软硬件设备(配置)手续不完备	查验相应工作票或操作票流程资料	1. 建立网络安全业务申请制度。 2. 实现安全策略和数字证书等业务申请、审核、审批和操作的规范化闭环管理。 3. 按照电力监控系统安全规程开展工作	案例129	
9.4.5	重大活动网络安全保障	不具备网络安保任务计划、未编制网络安保实施方案、未进行网络安保检查	查验资料,应任务明确、方案可行、记录齐全	1. 编制重大活动网络安全任务计划并上报。 2. 编制重大活动网络安全实施方案并实施。 3. 开展重大活动网络安全保障检查		
9.4.6	系统运行技术监督	未按要求开展电力监控系统运行过程技术监督	有技术监督过程资料	调度机构应定期开展电力监控系统网络安全技术监督,并对发现的问题按技术监督相关管理办法进行闭环管控		依据国能发安全规〔2022〕92号《电力二次系统安全管理若干规定》、国能发安全规〔2022〕100号《电力行业网络安全等级保护管理办法》《国家电网有限公司电力监控系统网络安全运行管理规定》《电力二次系统安全专项监管工作方案》第4条修订

序号	辨识项目	辨识内容	辨识要点	典型控制措施	案例	修编依据
10	**配网抢修指挥**					
10.1	**配抢人员状态**					
10.1.1	配抢值班人员配置	配抢值班人员配置不足，导致各班人员工作时间延长，工作强度加大，值班人员易疲劳，有可能引起接派单超时、延误停送电信息及时规范报送	保证配抢值班人员的配置	应达到配抢值班人员配置标准		
10.1.2	配抢值班人员业务能力	新进配抢值班人员或配抢值班人员长期脱离工作岗位，不熟悉系统操作和工作要求，无法确保服务指标的完成	上岗培训	1. 配抢值班人员在独立值班之前，必须经过现场及配抢知识学习和培训实习，并经过考试合格取得上岗证书后方可正式值班。 2. 配抢值班人员离岗 1 个月以上者，应跟班 1~3 天熟悉情况后方可正式值班。 3. 配抢值班人员离岗 3 个月以上者，应经必要的跟班实习，并经考试合格后方可正式上岗。 4. 建立定期培训制度，每季度至少开展一次集中培训		
10.1.3	配抢值班人员状态	当班配抢值班人员身体状态不佳，无法进行正常工作	良好身体状态	1. 接班前应保证良好的休息。 2. 接班前 8h 内应自觉避免饮酒。 3. 当班时应保持良好工作状态，不做与工作无关的事情。 4. 严禁值班人员违反规定连续值班，特殊情况经请示中心领导同意后，方可连续值班		
10.1.4		配抢值班人员情绪不佳，精力不集中，无法胜任值班工作	良好精神状态	1. 接班前调整好精神状态。 2. 情绪异常波动、精力无法集中的，不得当班。 3. 保证必要的休假，调整调控运行值班人员身心状态及生活节奏。 4. 请心理专家定期组织对工单受理员进行心理疏导		

序号	辨识项目	辨识内容	辨识要点	典型控制措施	案例	修编依据
10.2	**配抢交接班**					
10.2.1	值班日志	值班日志未能真实、完整、清楚记录抢修服务情况及停电情况，导致延误客户抢修、误指挥	值班日志正确记录	值班日志内容要真实、完整、清楚，对于遗留工作必须按照 5W1H 要求，交接清楚		
10.2.2	交班值准备	交班值没有认真检查报修工单的处理情况，导致交班时未能正确交待，造成下值漏派单延误抢修或造成抵达时间漏保存导致抵达现场超时	交班正确	1. 接班值按规定提前到岗。 2. 加强值班考勤管理，严禁私自换班，一般情况下不允许值班人员连续值班。 3. 全面查看值班日志，检查系统中的工单记录、停电记录是否与系统保持一致。 4. 查看最新工作要求，检查设备、系统、网络、电源的异常记录，做好危险点分析、事故预想及应对措施		
10.2.3	接班值准备	接班值未按规定提前到岗，仓促接班，未经许可私自换班，未能提前掌握抢修工单状态、停电情况，对交班内容错误理解、不能及时发现问题，造成漏派单、误保存抵达时间、漏答复客户等情况	接班准备充分	交班值全面检查抢修工单状态(未完成的是否全部派至各抢修队，未保存抵达时间的工单及归组需要答复的工单，转处理工单记录)，停送电记录(未送电的停电信息，部分送电的停电信息)；设备、系统、网络、电源异常情况		
10.2.4	交接班过程	交接班人员不齐就进行交接班，交接班过程仓促，工单记录、停电信息、设备等异常事件和当班联系的工作等交接不清，导致接班值不能完全掌握当前抢修服务工作情况、工单状态，造成延误抢修、延误停送电信息报送、延误设备等异常信息的收集等	交接清楚当前配抢服务指标相关的全部信息	1. 交接班人员不齐不得进行交接班。 2. 交班值向接班值详细说明当前服务工单状态、停送电信息的报送、转处理工单情况、抢修后续处理的工作完成情况、需要答复客户的归组工单提醒、新的工作要求、新的服务规定政策、存在的问题内容及其他重点事项，交接班由交班值值班长主持进行，同值人员可进行补充。 3. 接班值理解和掌握交班值所交待的全部情况。		

序号	辨识项目	辨识内容	辨识要点	典型控制措施	案例	修编依据
10.2.4	交接班过程	交接班人员不齐就进行交接班，交接班过程仓促，工单记录、停电信息、设备等异常事件和当班联系的工作等交接不清，导致接班值不能完全掌握当前抢修服务工作情况、工单状态，造成延误抢修、延误停送电信息报送、延误设备等异常信息的收集等	交接清楚当前配抢服务指标相关的全部信息	4. 交班值须待接班值全体人员没有疑问后，方可完成交班。5. 交接班期间发生电网故障多发时，抢修工单突然增多，应终止交接班，由交班值值长进行统一指挥，接班值配合，共同做好抢修服务工作，待应急处理告一段落，方可继续交接班		
10.3	**系统、网络监管**					
10.3.1	配抢值班纪律	当班人员未认真遵守配抢值班纪律，擅离岗位，网络、业务支撑系统运行失去监管，导致超时接派单事件发生	认真执行配抢工单受理员值班纪律	1. 制定完备的配抢值班制度。2. 值班时间必须严格执行劳动纪律。3. 值班人员当班期间严禁脱岗。4. 值班室应保持肃静、整洁，不得闲谈、不得会客、不做与配抢业务无关的事		
10.3.2	网络故障、系统处理	计算机工作正常，但抢修服务相关系统无法打开，导致95598派发的抢修工单不能及时接派单和已派工单不能及时保存抵达现场时间，造成超时	加强监管，及时处理	1. 对于网络故障，立即启用备用网络，确保配抢工作正常开展，同时进行汇报，做好记录。2. 对于双网络都出现故障，不能登录服务系统，或服务系统故障，应立即启用应急预案，做好接派单和客户抢修服务工作，及时汇报，做好记录		
10.4	**当班工作联系**					
10.4.1	联系规范	配抢联系时未互报单位、姓名，未对联系事由、重要信息进行核对，导致工单回复不规范和错回单事件	配抢联系时形式规范	1. 配抢联系时必须首先互相通报单位和姓名。2. 配抢联系要严肃认真、语言简明、使用统一规范的服务用语。3. 采用电话形式派发工单时，做到三个说清楚（报修工单地址说清楚、报修客户的联系电话说清楚、报修情况说清楚）。4. 接听抢修人员回复工单的电话时，做到三个问清楚（故障现象询问清楚、故障处理情况询问清楚、与客户对接情况询问清楚）		

序号	辨识项目	辨识内容	辨识要点	典型控制措施	案例	修编依据
10.4.2	核对抢修范围	对客户报修地址没有仔细核对抢修管辖范围,盲目派单,导致抢修延误,抵达现场超时,严重时引起客户投诉	抢修工单的下派遵守抢修管辖范围的规定	1. 应熟悉各抢修队管辖范围及抢修范围划分规定。 2. 一般情况下应严格执行抢修范围划分的相关规定,避免抢修范围随意变动		
10.4.3	联系及时准确	上下级之间联系汇报不准确、不及时,汇报内容不完整,导致对方不能及时准确了解情况,造成误判断或误指挥	联系汇报应及时准确	1. 应严格执行配抢联系汇报制度。 2. 汇报时应思路清晰、内容完整		
10.4.4	排除电话干扰	事故处理时,没有关注主要信息,受到不必要的电话干扰,导致工单超时或停送电信息报送差错	集中精力,排除干扰	1. 陌生电话暂不接听。 2. 工单处理到位、停送电信息处理妥当,闲暇之余再回拨陌生电话,询问有何需求或解答		
10.5	**停电信息报送管理**					
10.5.1	停电信息及时录入	录入系统的停电信息时间不满足国家电网公司停送电信息报送时限要求	按时录入,确保及时报送	1. 计划停电信息录入要确保提前 7×24h 报送。 2. 临时停电信息录入要确保提前 1×24h 报送。 3. 故障停送电信息:配电自动化系统覆盖的设备跳闸停电后,应在 15min 内向国网客服中心报送。配电自动化系统未覆盖的设备跳闸停电后,应在抢修人员到达现场确认故障点后,15min 内向国网客服中心报送。 4. 超电网供电能力停电信息原则上应提前报送停电范围及停送电时间等信息,无法预判的停电拉路应在执行后 15min 内报送停电范围及停送电时间。 5. 其他停送电信息应及时报送		依据国网(营销/4)272—2022《国家电网有限公司 95598 客户服务业务管理办法(2022 版)》第 29 条修订第 3～5 点

序号	辨识项目	辨识内容	辨识要点	典型控制措施	案例	修编依据
10.5.2	停电信息及时审核报送	录入系统的停电信息内容是否与接收到的停电信息一致，是否符合国网的规范要求，避免发生错录导致 95598 答复客户发生差错，引起客户投诉，或者不规范造成省公司、国家电网公司审核不通过，退回	核对录入内容是否完整、规范	当班值值长或者指定的审核人应认真审核系统内录入的停电信息内容，尤其是停电线路的名称、停送电时间、影响客户的范围，是否与接收到的信息内容一致，录入的信息是否符合国网的要求，确保停电信息报送的规范性		
10.5.3	停电信息送电时间及时填报	工单受理员对当班期间的停电信息情况不清楚，导致停电信息漏送电	停电信息送电时间是否及时填报	1. 当值值班员应充分掌握本班停电工作情况及预计送电时间。 2. 当值值班员应在接到现场送电的信息后，在 10min 内将送电时间填入系统。 3. 当值值班员获得相关单位延时送电信息后，应在计划结束时间前半小时发起延时送电变更流程。 4. 当值值班员应在交接班前应再次检查本班该送电的停电信息是否已将送电信息录入系统		
11	**通信管理**					
11.1	**通信调度**					
11.1.1	通信工作联系制度	未建立业务部门与通信部门联系制度，导致业务通道故障未能及时修复，影响电力系统正常指挥及运行	建立完善业务部门与通信部门联系制度	1. 建立并完善业务部门与通信部门联系制度，明确职责界面，理顺工作流程。 2. 通信部门建立 24h 值班制度，受理电网通信业务故障报修。 3. 通信部门对电网通信业务运行情况进行实时监视，发生异常及故障时迅速处置并将业务受影响的情况及时通知相关业务部门，在规定时间内不能完成故障处理时，应主动向对方说明情况	案例 120	

序号	辨识项目	辨识内容	辨识要点	典型控制措施	案例	修编依据
11.1.2	通信运行维护职责划分	通信运行维护职责不明确，界面不清晰，导致故障处理时责任不明确，故障时间长，延误送电或影响电网运行	明确各级通信设备运维单位和相关（部门）的运行维护职责	1. 明确各级通信设备运维和相关单位（部门）的运行维护职责。 2. 运行维护界面有变化时及时上报上级管理单位（部门）。 3. 遇通信故障时，通信设备运维单位应积极配合，优先恢复业务	案例118、案例121	
11.1.3	通信故障处理指挥	继电保护、安全自动装置、调度电话、自动化通道等故障处理不当，导致业务恢复不及时	分析故障类型，确定处理方式。按照"先抢通，后修复"的原则恢复中断的通信业务	1. 全面分析故障现象，熟悉网络和设备现状，确定正确的处理方式。 2. 及时寻求技术支持，与相关专业人员进行会商，及时向电网调度及相关业务部门通报故障处理情况，必要时采取临时通信方案		依据国网（信息/3）491—2022《国家电网有限公司通信运行管理办法》第31条修订表述
11.1.4	通信通道方式安排及优化	因重要业务通道方式安排不合理、基建过渡等原因，造成继电保护及安全自动装置、调度数据网、调度电话等电网重要业务通道可靠性降低，存在重载通信光缆和设备	核查通道方式安排，督促基建实施进度。优化网络结构，核查通道方式安排	1. 核查重要业务通道方式安排满足 $N-1$ 及以上要求。 2. 调整和优化通信网络结构，保护安控业务通道配置原则按调通〔2022〕62号《国家电网有限公司电力通信网运行方式技术原则（2022年版）》执行。 3. 确保业务实际路由与安排路由一致。 4. 核查单台通信设备、光缆承载继电保护及安全自动装置业务通道情况。 5. 通过基建、技改项目实现通信网络、光缆优化改造		依据调通〔2022〕62号《国家电网有限公司电力通信网运行方式安排技术原则（2022年版）》第3.4.4条修订第2点
11.1.5	通信电源方式安排	因电源方式安排不合理，造成继电保护及安全自动装置、调度数据网、调度电话等电网重要业务运行可靠性降低	核查电源方式安排，对发现的隐患积极落实整改	1. 严格按照《国家电网有限公司通信电源方式管理要求（试行）》规定，建立健全通信电源方式闭环管理机制，严禁无方式单投退负载，杜绝接线错误、容量不足、图实不符、监视缺位等问题。 2. 通信站电源新增负载时，应及时核算电源及蓄电池容量，如不满足安全运行要求，应对电源实施改造或调整负载。		依据调通〔2022〕62号《国家电网有限公司电力通信网运行方式安排技术原则（2022年版）》第3.5.5条修订第4点

序号	辨识项目	辨识内容	辨识要点	典型控制措施	案例	修编依据
11.1.5	通信电源方式安排	因电源方式安排不合理，造成继电保护及安全自动装置、调度数据网、调度电话等电网重要业务运行可靠性降低	核查电源方式安排，对发现的隐患积极落实整改	3. 通过变电专业或通信专业技改大修等项目落实通信电源方式整改优化。 4. 通信电源监测模式按照调通〔2022〕62 号《国家电网有限公司电力通信网运行方式安排技术原则（2022 年版）》执行		依据调通〔2022〕62 号《国家电网有限公司电力通信网运行方式安排技术原则（2022 年版）》第 3.5.5 条修订第 4 点
11.2	**通信检修**					
11.2.1	检修计划	检修计划安排不全面、不合理，造成通信检修工作无法正常开展或影响电网线路和设备运行	认真审核检修计划	1. 定期组织或参加通信检修协调会，与上下级通信检修部门充分沟通，合理安排检修计划。 2. 与电网调度、检修及业务部门建立工作联系机制。通信大修、技改等工程编制检修计划时，需及时通报相关专业。电网一次检修工作影响通信光缆或通信设备正常供电时，电网检修部门应按通信检修工作要求时限提前通知通信运行部门，纳入通信检修管理。 3. 因电网检一次检修对通信设施造成运行风险时，通信运行部门按照通信运行风险预警管理规范要求下达风险预警单，相关部门严格落实风险防范措施		
11.2.2	检修会签	检修工作流程不完善，涉及影响调度生产通信业务的检修申请单未进行相关专业会签同意，即在运行设备或缆路上工作，导致调度生产通信业务通道中断	规范检修工作票专业会签流程	1. 检修工作票应履行相关专业会签、审批流程。 2. 涉及影响调度生产通信业务的检修工作票应经相关专业会签或许可，得到同意后方可进行		
11.2.3	检修审批	通信检修工作票审批流程不完整，把关不严，答复不及时，意见不明确	核实内容，正确、及时审批检修工作票	1. 检修工作票应严格履行审批流程。 2. 对检修内容、影响业务范围、安全保证措施等进行核实把关，对影响业务范围的正确性负责。 3. 正确、及时答复检修工作票		

序号	辨识项目	辨识内容	辨识要点	典型控制措施	案例	修编依据
11.2.4	现场作业安全措施	通信检修工作未开展相应的危险点分析,编写标准化作业文本,制定相应的应急对策	通信检修工作应开展危险点分析,按规范编写标准化作业文本,并制定应急对策	督促运维单位严格依据国网(信息/3)490—2022《国家电网公司通信检修管理办法》、Q/GDW 1799.1—2013《国家电网公司电力安全工作规程(变电部分)》与(国家电网安质〔2018〕396 号)《国家电网公司关于印发〈国家电网公司电力安全工作规程(信息、电力通信、电力监控部分)〉(试行)的通知》《电力通信现场作业风险管控实施细则》的相关规定,办理相关作业文本并履行审批手续	案例 116	依据调通〔2022〕84号《电力通信现场作业风险管控实施细则(试行)》第四章修订相关文件
11.2.5	现场操作规范	现场设备与运行资料不符,未按规定及要求进行通信设备的施工、检修、检查等,人为造成设备故障、损坏等	规范现场作业制度,落实安全技术措施	督促运维单位严格执行 Q/GDW 721《电力通信现场标准化作业规范》,根据作业范围和作业内容填写相应的标准化作业文本,并履行审批手续	案例 119	
11.3	**工程项目**					
11.3.1	通信工程设计	通信网络工程设计不合理,不符合入网要求,给安全运行带来隐患	通信部门参与工程可研、初设、审查等前期工作	1. 通信部门参与工程立项、初设、审查等前期工作,对通信系统设计提出要求,参加相关审查会议及会议纪要的会签。 2. 通信工程设计文件的编制应遵循通信工程规划原则,达到 DLT 5447—2012《电力系统通信系统设计内容深度规定》,满足国家电网设备〔2018〕979 号《国家电网有限公司十八项电网重大反事故措施(修订版)》、《防止电力生产事故的二十五项重点要求》通信部分内容的相关要求。 3. 通信部门应参加设计审查,其对技术方案、设备配置等方面提出的意见和建议应在会议纪要中完整记录		依据国能发安全〔2023〕22 号《防止电力生产事故的二十五项重点要求》第 19.3 条修订

序号	辨识项目	辨识内容	辨识要点	典型控制措施	案例	修编依据
11.3.2	通信工程验收	通信工程验收不严，给安全运行带来隐患	按相关验收程序进行工程验收，进行验收测试和资料移交	1. 严格按照 DL/T 5344—2018《电力光纤通信工程验收规范》进行工程阶段验收和竣工验收。 2. 通信工程验收时应按相关管理规范进行系统技术指标测试，在达到技术规范书要求时，方可通过验收。 3. 建设、施工单位应提交工程验收测试报告及竣工图纸等资料。运行单位做好竣工资料的收集、整理和存档		
11.3.3	通信工程投运	不满足投运条件即投入运行，给正常运行带来隐患	完成工程验收，遗留问题已解决后方可投运	1. 通信工程需经过正式竣工验收后才能正式投入运行。 2. 投运前应完成工程遗留问题的整改。 3. 按照通信投运方案和业务运行方式单的内容进行设备配置和接线，相关数据应准确录入通信管理信息系统，并确保业务图实相符		
11.4	**技术安全监督**					
11.4.1	通信保障能力考核制度	通信保障能力考核制度不完善，通信保障不力，导致调度通信业务中断，延误送电或影响电网事故处理	制定完善的通信保障能力考核制度	1. 制定完善的通信保障能力考核制度，加大考核力度。制定通信业务保障顺序及应急处置预案，并滚动修订完善。 2. 及时核查年、月度检修计划，提出通信保障要求。 3. 定期核查通信部门设备运行统计分析报告及年度通信运行方式，对重要业务通道、备调业务通道运行情况和应急通信保障能力进行考核		
11.4.2	反事故措施	反事故措施执行不到位，导致电网事故	严格执行反事故措施	贯彻国家电网设备〔2018〕979 号《国家电网有限公司十八项电网重大反事故措施（修订版）》的相关要求，督促运维单位定期排查，并掌握反措落实情况	案例 117	

序号	辨识项目	辨识内容	辨识要点	典型控制措施	案例	修编依据
11.4.3	事故调查分析	事故调查分析不到位,导致安全隐患未消除	严格执行事故调查规程	组织及参与通信事故调查,深层次分析事故原因,制定整改措施并督促运维单位落实到位		
11.4.4.	人员培训	对关键岗位人员培训考核不到位,导致发生人为事故	严格执行人员安全管理要求	对承担通信网规划、设计、建设、运维管理等关键岗位的人员开展培训和考核,对关键运维岗位建立持证上岗制度,明确持证上岗要求		
11.4.5	系统评估	未有效开展通信网等保测评、风险评估等工作,导致通信网出现系统性事故	严格执行通信网等保测评、风险评估的管理要求	按国家及行业主管部门要求,组织相关业务部门对通信网进行符合性测评、风险评估和检查工作,对安全评估中发现的重大隐患和检查中发现的问题,应组织督促通信运维单位立即整改,短期内无法整改的,要制定整改计划		
11.4.6	应急处置	通信应急处置流程不完善,应急通信保障不力,造成调度通信业务故障处理时间延长或影响电网事故处理	制定完善的应急通信预案,定期开展应急通信演练	1. 每年至少开展一次通信反事故演习,做好应急通信设备/设施的日常运维工作。 2. 建立业务流程库、应急预案库,其中业务流程库涵盖调度主要业务流程,应急预案库包括主要系统及主要设备现场应急处理方案		依据国网(信息/3)491—2022《国家电网有限公司通信运行管理办法》第47条新增

典型案例

【案例1】国网总部安全巡查中发现，××公司未将迎峰度夏电力保供等作为安全生产重大事项，未在安委会或党委会进行分析研究，该公司电力保供文件仅以部门文件下发，相关专业部门未传达，造成相关专业部门对于迎峰度夏工作未做部署。××公司主要负责人未批阅上级印发的电力保供工作要点，只转发生产副总和调控中心主任批阅，未转发至安监、设备等相关专业部门阅办，未召开专项会议部署电力保供工作。上述行为未落实国家电网办〔2022〕370号《国家电网有限公司关于印发2022年迎峰度夏电力保供工作要点的通知》要求："各单位主要负责同志亲自组织，6月15日前召开党委会或专题会，安排部署迎峰度夏工作"，暴露出该单位在安全生产重大事项贯彻落实方面未严格按照公司规定执行，思想认识与重视程度不到位；在管理层面上，未将迎峰度夏电力保供工作作为安全生产重大事项落实执行；在工作开展层面上，文件传达不到位，仅通过部门文件下发，相关专业部门未及时做好沟通与转发。

【案例2】国网总部安全巡查中发现，××地调在下放调度权时未明确安全责任及工作流程，经查阅该公司相关变电站10kV出线调度权划转批准单，核查配调中心和××暑期保电中心，调控中心将××等重要变电站10kV出线调度权下放至配调中心，暑期保电期间，相关变电站10kV出线由××暑期保电中心调度，但××公司未对相关调度权划转后的相关安全责任及工作流程进行明确。

【案例3】省公司安全检查中发现，××县公司所在地区2019年3月20日遭受13级强台风袭击，彩钢瓦缠绕同杆架设的两条110kV线路，线路跳闸，其供电的2座110kV变电站全停，造成大面积停电。其中甲变电站由于串供用户多，未配置备自投，由该县调度远方遥控恢复供电；乙变电站仅由此同杆架设的两条110kV线路供电，直到第二天抢修结束后才恢复供电。该县电网110kV线路网架不够合理，导致全停风险大，供电恢复时间长。

【案例4】省公司安全事件通报，××公司某座220kV变电站220kV线路送电时，发现OPEN3000系统内该220kV变电站主接线图220kV××线路Ⅰ、Ⅱ母隔离开关位置状态与实际不符，经核查是自动化运维人员在OPEN3000系统中，错将220kV××线路Ⅰ母隔离开关关联在220kVⅡ母隔离开关上、220kV××线路Ⅱ母隔离开关关联在220kVⅠ母隔离开关上，导致自动化系统厂站一次接线图设备位置与现场不一致，存在调控运行人员误判断、误下令的风险。违反国网（调/4）335—2014《国家电网公司电力调度自动化系统运行管理规定》第三十四条第（三）款的要求："自动化管理部门应在一次设备投产3天前，完成调度技术支持系统中电网模型、图形、实时数据的维护等相关工作要求"。

【案例5】上级专业安全检查中发现，××公司发生一起新设备投运后调控云平台未及时维护模型事件。在上级专业检查中，××公司220kV设备间隔已投运，省调D5000系统中该线路间隔遥信和遥测正常，国分云平台中该线路间隔遥信和遥测数据不刷新，远程督查发现在国分云平台该间隔关联设备模型运行状态为未投运，导致国分云平台中该厂站功率和母线功率不平衡。暴露出该公司自动化运维人员对新设备送电投运流程不熟悉，业务技能水平不足，未及时更新维护调控云平台模型，违反了调控云平台建设考核管理要求，导致相关指标受到影响。

【案例6】国网安监部安全风险管控工作通报，××县调电网运行风险预警告知单编制、审核不规范，管控措施及要求中仅为设备部、调控中心等专业部门工作要求，未填写用户侧应采取的预控措施；风险预警告知单信息错误、漏项，告知单日期错填，未填写发出单位联系人及联系方式，签收单位未填写签收日期，违反了Q/GDW11711—2017《电网运行风险预警管控工作规范》第8.3条要求："预警告知单主要内容包括预警事由、预警时段、风险影响、应对措施等，要督促电厂、客户合理安排生产计划，做好防范准备"。

【案例7】国网安监部安全风险管控工作通报，××地调电网运行风险预警通知单编制不严谨。××地调发布的电网运行风险预警通知单（第2022－02－27号）中预警事由仅填"其他"，未明确具体预警原因，违反了Q/GDW 11711—2017《电网运行风险预警管控工作规范》第7.1条要求："预警通知单应包括风险等级、停电设备、计划安排、风险分析、预控措施要求等内容"。暴露出该公司在电网运行风险管控方面工作不实，管控不力。

【案例8】国网安监部安全风险管控工作通报，××电力公司月度计划与电网风险预警单编制审核把关不严。正式发布的《××××年××月调度计划》和《××××年第××号电网运行风险预警通知单》中，将750kV××变电站75××断路器误写为75YY断路器。暴露出电网运行风险预警单编审有关环节校核不严，专业部门相关人员履责不到位，在月度检修计划编制环节，未认真对现场申报的工作内容进行仔细核查，未及时发现现场申报的错误断路器编号；电网风险预警单工作内容自动提取月度检修计划，工作内容编审环节未再次与现场实际进行校核等问题。

【案例9】国网安监部安全风险管控工作通报，××省调电网运行风险预警通知单编制审核不严。××省调发布的电网运行风险预警通知单（编号：2022年第28号）中对于省超高压公司提出特巡要求的线路与××省调"330kV××Ⅰ线、××开关站330kVⅠ母停电期间故障处置预案"中对于超高压公司提出的特巡线路不一致。暴露出编制人员未严格核实管控措施的线路名称，编写疏忽大意，对电网运行风险管控工作重视程度不够。

【案例10】国网总部安全巡查中发现，××公司电网运行风险预警通知单编制不严谨，风险管控时段未填写，电网风险预警按照计划送电时间而不是实际送电时间解除。2022年×月×日××母线保护改造工作涉及的六级电网风险在当天计划送电时间下午6点已解除预警，而调度D5000系统当天下午7点整该停电间隔断路器才合闸送电，时间互相矛盾。

【案例11】国网安监部安全风险管控工作通报，××地调电网运行风险预警通知单中风险辨识不全面。××地调发布的110kV变电站×母线停电电网运行风险预警通知单，仅辨识出110kV母线全停六级电网风险，未能准确辨识母线全停导致三座以上35kV变电站全停六级电网风险。《国家电网有限公司安全事故调查规程》规定：三座以上35kV变电站全停，构成六级电网事件。违反了Q/GDW 11711—2017《电网运行风险预警管控工作规范》第6.2.1条要求："应贯彻'全面评估、先降后控'要求，动态评估电网运行风险，准确界定风险等级，做到不遗漏风险、不放大风险、不降低管控标准"。

【案例 12】2023 年国网总部春检督查中发现，涉及两个供电公司的同一线路停电电网运行风险预警定级不一致。A 公司某条 110kV 线路停电检修期间，B 公司 110kV 线路单电源运行带 A 公司某 110kV 变电站（含二级用户 2 个）和 B 公司某 110kV 变电站（含一级用户 1 个）。B 公司下发五级电网风险预警通知，而 A 公司未辨识到一级用户单供情况，下发六级电网风险预警通知，违反了 Q/GDW 11711—2017《电网运行风险预警管控工作规范》第 6.2.1 条要求："应贯彻'全面评估、先降后控'要求，动态评估电网运行风险，准确界定风险等级，做到不遗漏风险、不放大风险、不降低管控标准"。

【案例 13】省公司电网风险管控督查中发现，××公司对电网检修方式风险辨识不到位。在双母线单分段、双主变接线的 220kV 变电站其中一台主变停役期间，电网运行风险预警单和调度事故处置预案中，未分析出另一台运行主变所接 220kV 母线故障跳闸的风险，未制定该母线特巡特护等管控措施，未制定该段 220kV 母线跳闸后的事故处置预案。违反了 Q/GDW 11711—2017《电网运行风险预警管控工作规范》第 6.2.2 条规定："充分辨识电网运行方式、运行状态、运行环境、电源、负荷及电力通信、信息系统等其他可能对电网运行和电力供应造成影响的风险因素，编制完整正确的风险预警单，明确所有的特巡特护设备，制定相对应的调度台事故处置预案，全方位开展电网风险管控"。

【案例 14】国网安监部安全风险管控工作通报，××地调电网运行风险预警通知单编制审核不严格，电网风险分析不全面。××地调发布的电网运行风险预警通知单中，110kV ××线故障会造成 3 座 110kV 变电站失压及负荷损失，但风险分析中未写明负荷损失数量及电网风险等级，风险控制措施不全面。违反了 Q/GDW 11711—2017《电网运行风险预警管控工作规范》第 6.2.2 条规定："充分辨识电网运行方式、运行状态、运行环境、电源、负荷及电力通信、信息系统等其他可能对电网运行和电力供应造成影响的风险因素"。

【案例 15】国网安监部安全风险管控工作通报，××省调电网运行预警风险通知单编制不严谨。××省调发布的 220kV××线停电五级电网风险预警（2022 年第 0037 号）中风险分析描述不准确，"××变全停"应为"500kV××变 220kV 母线全停"。违反了 Q/GDW 11711—2017《电网运行风险预警管控工作规范》第 7.1 条要求："预警通知单应包括风险等级、停电设备、计划安排、风险分析、预控措施要求等内容"。暴露出该公司对电网运行风险管控工作不实，管控不力。

【案例 16】省公司电网风险管控督查中发现，××地调电网运行风险辨识不准确。××地调发布的电网运行风险预警通知单存在以下问题：① 停电可能导致 5 座 110kV 变电站全停，但该地调分析为 10 座；② 停电涉及重要用户 6 户，但省、地两级调度发布的电网风险预警单，以及地调报送该市发展改革委的报告单中影响的重要用户数量均为 5 户；③ 未分析 35kV××风电场全停风险。违反 Q/GDW 11711—2017《电网运行风险预警管控工作规范》第 6.2.2 条要求："充分辨识电网运行方式、运行状态、运行环境、电源、负荷及电力通信、信息系统等其他可能对电网运行和电力供应造成影响的风险因素"。

【案例 17】省公司电网风险管控督查中发现，××公司电网风险评估不到位。××电网风险预警通知单（×××号）电网风险评估不全面，遗漏110kV××线风险预警；双重预警机制措施未落实，风险预警措施中要求检修公司对相应设备进行特巡，但未见对相关输电设备特巡记录，变电设备巡视记录不全，风险预警期间××线发生跳闸。违反了Q/GDW 11711—2017《国家电网公司电网运行风险预警管控工作规范》第6.2.2条要求："充分辨识电网运行方式、运行状态、运行环境、电源、负荷及电力通信、信息系统等其他可能对电网运行和电力供应造成影响的风险因素"。

【案例18】省公司电网风险管控督查中发现，××地调电网运行风险预警重要用户告知不到位，对重要用户预控措施及要求仅描述为"请贵单位做好停电风险预控措施"，未针对客户（电厂）实际情况，提出风险管控具体措施要求。违反了Q/GDW 11711—2017《电网运行风险预警管控工作规范》第8.3条要求："预警告知单主要内容包括预警事由、预警时段、风险影响、应对措施等，要督促电厂、客户合理安排生产计划，做好防范准备"。暴露出该单位电网运行风险预警管控工作不规范。

【案例19】国网安监部安全风险管控工作通报，××地调电网运行风险预警告知单编制审核不严格，重要用户风险分析针对性不强。调控中心下发至一级重要用户的预警告知单中风险分析仅描述电网侧风险，未指出故障停电对用户造成的影响。违反了Q/GDW 11711—2017《电网运行风险预警管控工作规范》第8.3条要求："预警告知单主要内容包括预警事由、预警时段、风险影响、应对措施等，要督促电厂、客户合理安排生产计划，做好防范准备"。

【案例20】省公司安全检查中发现，××公司电网风险预警通知不规范，未严格按照Q/GDW 11711—2017《电网运行风险预警管控工作规范》执行，电网风险预警及管控工作不到位。在省公司安全生产巡查中发现：① 涉及电厂停电风险没有提前通知，调控中心发布的2021年81号、137号电网风险预警单未按规定提前24小时通知电厂预警情况；② 紧急停电工作超24小时未发布电网风险预警通知单。调控中心2021年5月27日××变110kV二、三段母线紧急停电，申请单内未标注电网风险等级（6级电网风险），未按规定对紧急停电工作超24小时的电网风险发布电网风险预警通知单。

【案例21】省公司安全检查中发现，××公司调控（供指）中心电网运行风险预警告知单发布不规范。××公司调控（供指）中心虽在××变220kV正副母线轮停计划通报会议上告知停电风险并提出了要求，但未向××一级站、××二级站等5座电厂发布正式风险告知单。违反了Q/GDW 11711—2017《电网运行风险预警管控工作规范》第8.3条要求："对电厂送出可靠性造成影响或需要电源支撑的风险预警，调控部门编制'预警告知单'，提前24小时告知相关并网电厂并留存相关资料"。

【案例22】省公司电网风险管控督查中发现，××公司电网风险预警告知工作不规范。2022年5月，在省公司安监部组织的电网风险管控督查中，发现××公司缺少电源用户《电网风险预警用户告知单》。××公司停电前仅以调度录音电话形式告知相关电厂电网风险及相关注意事项，未按要求提前以书面形式将风险情况告知相关用户。违反了Q/GDW 11711—2017《电网运行风险预警管控工作规范》第8.3条要求："对电厂送出可靠性造成影响或需要电源支撑的风险预警，调控部门应编制'预警告知单'，提前24小时告知相关并网电厂并留存相关资料"。

【案例23】国网安监部安全风险管控工作通报，××公司电网运行风险预警告知单内容不全面。在国网总部组织的电网安全风险管控督查中，××电厂应对2条110kV保供线路（××线、××线）开展运维保障工作，但预警告知未对××电厂提出工作要求。违反了Q/GDW 11711—2017《电网运行风险预警管控工作规范》第8.3条要求："对电厂送出可靠性造成影响或需要电源支撑的风险预警，调控部门应编制'预警告知单'，提前24小时告知相关并网电厂并留存相关资料"。

【案例24】国网总部安全巡查中发现，××公司发布的电网运行风险预警通知单中未告知相关电站用户。××变电站因基建工程施工存在全停风险，影响接入该变电站运行的小水电送出可靠性。××公司在风险管控流程中未向相关电站用户发送风险告知单，违反Q/GDW 11711—2017《电网运行风险预警管控工作规范》第8.3条要求："对电厂送出可靠性造成影响或需要电源支撑的风险预警，调控部门应编制'预警告知单'，提前24小时告知相关并网电厂并留存相关资料"。

【案例25】国网安监部安全风险管控工作通报，××公司电网风险预警告知工作不到位、重要用户台账清单管理不到位。某电网风险涉及6个重要用户（其中2个一级、4个二级），以及12个新能源电厂，因未掌握最新最全的重要用户名单，该风险实际只告知4个重要用户。违反Q/GDW 11711—2017《电网运行风险预警管控工作规范》第6.2条要求："全面评估，充分辨识电网运行方式、运行状态、运行环境、电源、负荷及电力通信、信息系统等其他可能对电网运行和电力供应造成影响的风险因素"。

【案例26】国网总部安全巡查中发现，××县调对重要用户电网风险评估、预警、管控等工作执行不到位，在公司组织的安全生产巡查中发现×年×月×日，某10kV线路开关转检修工作，作为二级重要用户的××人民医院单电源供电，为六级电网风险，但未及时发布电网风险预警。访谈该县调管理人员，发现对本单位涉及的六级、七级电网风险掌握不全面。暴露出该单位未深入宣贯学习《国家电网有限公司安全事故调查规程》《国网公司电网风险管控督查通报》，违反了Q/GDW 11711—2017《电网运行风险预警管控工作规范》第6.2条要求："充分辨识电网运行方式、运行状态、运行环境、电源、负荷及电力通信、信息系统等其他可能对电网运行和电力供应造成影响的风险因素"。

【案例27】国网安监部安全风险管控工作通报，××省调电网运行风险分析不全面，风险辨识不准确。该省调发布的××变500kV #2主变停电电网运行风险预警通知单（2022年第013号），所涉及××地调反馈存在重要用户风险，但在发布预警时未提出防止重要用户停电的管控措施要求。该地调发布的××变500kV #2主变停电电网风险预警通知单（2022013号），风险分析中只有运行方式风险，未指出存在12个二级及以上重要用户风险，风险分析不全面，违反了Q/GDW 11711—2017《电网运行风险预警管控工作规范》第6.2条要求："全面评估，充分辨识电网运行方式、运行状态、运行环境、电源、负荷及电力通信、信息系统等其他可能对电网运行和电力供应造成影响的风险因素"。

【案例28】国网安监部安全风险管控工作通报，××公司在国家电网公司的安全生产巡查中发现一起设备停电检修电网安全风险辨识不充分、风险定级错误的事件。××公司电网设备停电影响10kV客户供电保障，涉及二级单电源重要客户××医院，根据《国家电网有限公司安全事故调查规程》第 4.2.6.9 条规定，应按照六级电网风险发布风险预警，但该公司调控中心风险辨识不充分，未发现 10kV 该重要客户存在停电风险，按七级风险发布了风险预警通知单。

【案例 29】省公司安全检查中发现，××公司发布的 220kV××变电站#2 主变停电电网风险预警通知单，要求检修期间 35kV GC 用户站煤矿配合停产，但在检修期间用户煤矿未安排停产，存在一级重要用户全停风险，有发生五级电网事件的风险。违反了 Q/GDW 11711—2017《电网运行风险预警管控工作规范》第 6.2 条要求："全面评估，充分辨识电网运行方式、运行状态、运行环境、电源、负荷及电力通信、信息系统等其他可能对电网运行和电力供应造成影响的风险因素，对重要客户供电方式、保电需求等安全风险辨识存在缺失"。

【案例 30】省公司电网风险管控督查中发现，在对××公司电网风险管控的专项督查中发现，该公司调控中心发布的一份五级电网风险预警单中，责任单位包含负责基建工作的项目中心，但预警单"主送部门"缺少基建工作专业主管部门建设部。在对风险管控措施落实情况的检查中发现，该公司调控中心编制的《AA 变#3 主变检修期间电网安全运行方案》与班组执行的《AA 变#3 主变检修期间演习方案及 DTS 步骤设置》的事故处理要点存在不一致：部门电网安全运行方案对 YY 变 220kV #1 主变故障的处理预案要求"AA 变 191 转运行，恢复 YY 变 110kV Ⅰ 段母线运行"，但班组反事故演习中对 AA 变 220kV #1 主变故障的处理预案要求为"BB 变 191 转运行，恢复 YY 变 110kV Ⅰ 段母线运行"，存在预案编制与演练环节不够严谨的问题。在上级公司对××公司的安全巡查中还发现，抽查的电网风险预案中调控班组学习签名存在缺漏情况，且该公司未按年度对电网风险管控情况进行分析，相关方面管理存在不足。

【案例 31】省公司电网风险管控督查中发现，2022 年 5 月 16 日，××供电公司发布的《电网风险预警单》（编号 2022－15）填写不规范，风险预警单中风险管控措施实施单位未具体到输电运检中心、变电运维中心和客户服务中心，违反 Q/GDW 11711—2017《电网运行风险预警管控工作规范》第 7.1 条要求："预警通知单应包括风险等级、停电设备、计划安排、风险分析、预控措施要求等内容，预控措施应明确责任单位、管控对象、巡视维护、现场看护电源管理、有序用电等重点内容"。

【案例 32】国网总部安全巡查中发现，××公司电网运行风险预警管理不规范。××公司部分电网风险预警单由安监部而非调控部门发布，不符合 Q/GDW 11711—2017《电网运行风险预警管控工作规范》规定要求；部分对用户有影响的电网风险预警通知单未经相关部门（营销部）会签，涉及基建工程电网风险预警通知单未经相关部门（建设部）会签，未严格按照 Q/GDW 11711—2017《电网运行风险预警管控工作规范》规定，开展电网运行风险预警的评估、发布、延期、取消和解除工作。

【案例 33】国网安监部安全风险管控工作通报，××省调发布的电网风险预警单责任单位为超高压公司及下辖某供电公司，但管控措施及要求仅针对供电公司调控中心进行工作安排，未对超高压公司、下辖供电公司相关专业提出具体工作要求，风险管控措施针对性不强。违反了 Q/GDW 11711—2017《电网运行风险预警管控工作规范》9.1.2 条要求："调控、运检、基建、营销、信通、安质等专业协同配合，全面落实管控措施"。

【案例 34】国网总部安全巡查中发现，××省调发布的电网运行风险预警通知单未将信通公司纳入责任单位，信通公司未按专业协同要求落实管控措施，该省调对措施落实情况跟踪督办不到位。220kV 合×线旧光缆承载 14 项保护、安控等重要业务，含 220kV 保电线路嘉×线 1 号分相差动保护，施工期间存在嘉×线保护通道中断风险。信通公司未按预警通知单要求制定通信方式调整及保障方案，未进行预警反馈，未落实防范措施，违反了 Q/GDW 11711—2017《运行风险预警管控工作规范》第 9.1.2 条要求："调控、运检、基建、营销、信通、安质等专业协同配合，全面落实管控措施"。

【案例 35】省公司电网风险管控督查中发现，××地调电网运行风险预警通知单中电网运行风险管控措施不全面。××地调 2022－46 号《电网运行风险预警通知单》中仅要求对××站#1 主变及相关设备和作业现场进行管控，若该站 220kV Ⅰ母线故障跳闸，将导致运行于该母线上的#1 主变停运，同样造成该站 66kV 系统全停。预警通知单中缺少对该站 220kV Ⅰ母线开展特巡特护的管控措施要求。违反了 Q/GDW 11711—2017《电网运行风险预警管控工作规范》第 6.2.1 条要求："总（分）部、省公司、地市公司应贯彻'全面评估、先降后控'要求，动态评估电网运行风险，准确界定风险等级，做到不遗漏风险、不放大风险、不降低管控标准"。

【案例 36】国网安监部安全风险管控工作通报，××省调电网风险管控措施不全面，电网运行风险预警通知中未对单线供电的 500kV ××线提出特巡特护要求。违反了 Q/GDW 11711—2017《电网运行风险预警管控工作规范》第 6.2.1 条要求："总（分）部、省公司、地市公司应贯彻'全面评估、先降后控'要求，动态评估电网运行风险，准确界定风险等级，做到不遗漏风险、不放大风险、不降低管控标准"。

【案例 37】省公司电网风险管控督查中发现，××公司电网运行安全风险管控流程不到位。××公司七级电网运行安全风险未发布预警，七级电网安全风险管控全流程缺失；××公司电网运行安全风险预警责任单位涉及县（区）公司的通知单，大部分未通过"安监一体化"系统下发至县（区）公司，相关县（区）公司基本无电网运行安全风险预警反馈，"安监一体化"系统也未上报电网运行风险预警反馈单。

【案例 38】国网总部安全巡查中发现，××省调电网风险反馈单编制不规范，审核不严。该省调《××线轮停风险预警反馈单》未使用国网公司统一模板，缺少主送单位、预警时段等内容，未经过审核、批准流程，设备运维单位未反馈预警措施的落实情况。违反了 Q/GDW 11711—2017《电网运行风险预警管控工作规范》第 7.4 条要求："责任单位按照'谁接收、谁落实、谁反馈'原则，填写'预警反馈单'。'预警反馈单'应包括事故预案制定、设备巡视频次、设备检测手段、安全保卫措施、政府部门报告、重要客户告知等内容"。

【案例 39】国网总部安全巡查中发现，××公司电网运行风险管控执行不规范，电网运行风险反馈单编制不规范，其中市 A 供电公司误用风险告知单替代电网运行风险反馈单；市 B 供电公司反馈单送达单位误写为用户；电网运行风险预警反馈单"管控措施落实"部分缺少重要用户停电风险管控措施落实情况。违反了 Q/GDW 11711—2017《电网运行风险预警管控工作规范》第 7.4 条要求："责任单位按照'谁接收、谁落实、谁反馈'原则，填写'预警反馈单'。'预警反馈单'应包括事故预案制定、设备巡视频次、设备检测手段、安全保卫措施、政府部门报告、重要客户告知等内容"。

【案例 40】省公司安全检查中发现，××地调电网风险预警单预控措施落实情况反馈不及时。在上级组织的安全巡查中发现，××地调某张预警单部分预控措施落实单位反馈填写不及时，未按国家电网公司和省公司风险预警管控相关要求，在停电计划工作实施规定时间之前如期反馈。违反了 Q/GDW 11711—2017《电网运行风险预警管控工作规范》第 7.4 条要求："预警反馈单应在工作实施前上报，各项预警管控措施均落实到位后，调控部门下达设备停电操作指令"。

【案例 41】省公司安全检查中发现，××公司电网风险管控方案落实不到位。××公司 220kV ××线计划停电期间五级电网风险管控方案（2020 年 5 月 27 日）中，调控中心主任为领导小组成员且为应急处置小组组长，方案中有检修分公司、运维检修部、安全监察部审签及分管领导审批，但没有调控中心审签栏。违反了 Q/GDW 11711—2017《电网运行风险预警管控工作规范》第 4.5 条要求："各级电网运行、检修、营销、建设、信通等责任单位按照预警通知单要求，组织落实相应的电网运行风险预警管控措施"，暴露出电网风险管控方案执行落实不到位、未严格按照规定执行等问题。

【案例 42】能源监管机构安全检查中发现，××公司应急预案管理不规范。在能源监管办公室对××公司的督查中发现，该公司调控中心 202×年所有部门及班组层面应急演练均未见签到表及照片，演练方案编制要素不正确，方案中所列处置步骤与预案不符；部分演练总结材料中，审核人未对演练情况进行评价。调控中心主导编制的专项应急预案中，电力监控系统网络安全事件、自动化系统故障等预案形式不规范，出现编制依据中引用文件早已废止的情况；在对相关预案附件中的应急物资清单进行检查时，发现部分物资实物型号与清单不一致、清单中未列出物资数量的情况，物资实物未按描述在专用区域摆放，存在无序堆放的情况。

【案例 43】国网总部安全巡查中发现，××省调黑启动预案管理不规范。该公司电网黑启动调度操作方案以及相关计算分析仍为 2011 年版，以后再未进行过修订和演练，不满足新版《电力系统安全稳定导则》要求；《电网黑启动应急预案》未将黑启动电厂纳入工作小组，对黑启动机组应具备的条件未做规定。违反了国网（调4）338—2022《国家电网有限公司调度机构安全工作规定》第十章第五十三条规定："按照'实际、实用、实效'的原则，建立完善调控机构应急预案体系"。

【案例 44】省公司安全检查中发现，××公司事故预案编制审核不严格。220kV ××站#1 主变故障后，将通过 66kV ××甲线、××乙线供电。转供后××甲线、××乙线至少一条线路将过载。××公司事故预案未分析过载风险，未制定应急处置方案和线路过载处置措施。违反了国网（调4）329—2022《国家电网有限公司调度系统故障处置预案管理规定》第四章第十八条："预案编制完成后，各级调控机构应针对不同的电网运行方式开展预案校核，评估预案的合理性和有效性，给出完善预案的相关建议"。

【案例 45】国网安监部安全风险管控工作通报，××省调预警预案编审不严格。该省调《330kV ××线、××开关站 330kV Ⅰ 母停电期间故障处置预案》中还有**线，而**线工作已结束，与实际情况不符，暴露出该公司对事故处置预案编制重形式走过场，未与实际情况核对。违反了国网（调/4）338—2022《国家电网有限公司调度机构安全工作规定》第十章第五十三条规定："按照'实际、实用、实效'的原则，建立完善调控机构应急预案体系"。

【案例 46】国网安监部安全风险管控工作通报，××公司事故处理预案编制不规范、内容有误。《××站 1000kV 母线轮流停役期间另一条母线跳闸事故处理预案》潮流分析不准确。××站 1000kV Ⅰ 母故障后××线带#2 主变运行，主变及线路负荷分别为 1048、1409MW，相差较大。预案可操作性不强，存在较大风险。违反了国网（调/4）329—2022《国家电网有限公司调度系统故障处置预案管理规定》第四章第十八条规定："预案编制完成后，各级调控机构应针对不同的电网运行方式开展预案校核，评估预案的合理性和有效性，给出完善预案的相关建议"。

【案例 47】省公司安全检查中发现，××公司故障处置预案编制审核把关不严。事故预案的预警时间与实际已发布的电网风险预警单预警时间不一致，预案内容与电网实际情况相差较大，暴露了预案编制人员未能严格执行电网风险预警日管控制度，未认真根据电网风险预警单的内容开展预案编制工作，造成所编制的电网应急处置预案与实际的电网运行方式不对应，与风险预警单脱节。

【案例 48】能源监管机构安全检查中发现，××公司发生一起计划停电过程中调度员扩大停电范围的事件。××公司 A 变电所进行 10kV Ⅰ 段母线计划检修工作，后接到供电区域周边用户报修无电，并称事前未收到停电通知。经排查，停电用户集中在 2 个小区，位于变电站附近。停电原因是××线在负荷转供时，解环点分别安排在××线 10 分段开关和环网柜 111 开关，导致接于线路解环点前段的 2 个小区失电。该公司值班调度员对电网接线不熟悉，违反调度操作规范化的要求，操作前未核对运行方式和图纸接线，凭经验拟票，造成停电范围扩大和用户投诉。

【案例 49】县公司安全事件通报，××公司发生一起 10kV 线路运行方式调整导致线路失电事件。××公司某 10kV 线路调整运行方式时，因供电所运行班长张某记错与其联络线路，认为线路应与另一同杆线路合解环操作，在调控员徐某与其核实时坚称图纸错误，允许其调整方式，调控员徐某在面对图实不一致情况时，未与现场核实清楚，轻信运行班长，在拉开开关后造成线路失电。

【案例 50】国网总部安全巡查中发现，××公司发生一起违反调度规程的调度操作事件，2020 年 1 月 2 日×××变电站#1 主变停送电操作任务，地调班、监控班值班员未复诵。违反国家电网安监〔2018〕1119 号《国家电网有限公司关于印发〈防止电气误操作安全管理规定〉的通知》3.1.3.6 条的规定："按操作票逐项唱票、复诵、监护、操作，确认设备状态与操作票内容相符并打勾"。

【案例 51】县公司安全事件通报，××公司发生一起并解操作过程中的调度员误操作事件。××公司 10kV AA 线与 BB 线进行并解操作，在××开关合闸时发生了××开关保护动作跳闸情况，未造成失电。事件原因为该公司值班调度员业务技能水平不足，对并解操作规定执行不到位，未计算合环电流的前提下进行并解操作，导致保护动作开关跳闸。

【案例 52】县公司安全事件通报，××公司发生一起倒闸操作过程中的调度员误操作事件，××公司进行 35kV A 线计划停电，因上级220kV××站与110kV××站存在35kV系统接线方式不同问题，进行合环操作时，造成35kV××站两条35kV进线同时跳闸，35kV××站全站失电。事件原因为该公司值班调度员对上一级电网运行设备不熟悉，不同系统接线方式不能进行合环操作，导致35kV××站全站失电。

【案例53】县公司安全事件通报，××公司发生一起TV停电操作过程中的调度员误操作事件。××公司35kVⅠ段母线TV例行检查试验，调度值班员在Ⅰ段母线TV停电操作过程中，在未将Ⅰ、Ⅱ段母线电压并列的情况下，拉开Ⅰ段母线TV手车刀闸，导致Ⅰ段母线三相失压，而此时变电站Ⅰ段母线负荷较低，进线开关电流二次值低于闭锁备自投的无流定值0.1A，引发35kV备自投误动作。事件原因为该公司值班调度员对变电站备自投动作原理不熟悉，业务技能水平不足，在操作过程中未综合考虑操作带来的影响，造成备自投误动作。

【案例54】省公司安全检查中发现，××公司发生一起异常处置过程中的调度员违章事件。××公司10kV××线故障跳闸后，线路运维人员与当值调度员口头约定暂不送电，借机清理线路走廊附近树枝等，也未将线路转为检修状态，期间未履行工作许可手续和做安全措施。1小时后，当值调度员未与现场沟通，便组织对该线路送电，造成××线单相接地故障（现场清理树枝时安全距离不足，对树枝放电）。事件原因为该公司值班调度员业务技能水平不足，对现场工作和送电操作的管控不严，现场存在严重的无票作业问题。

【案例55】市公司安全检查督查中发现，××公司发生一起异常处置过程中的调度员误操作事件。××公司110kV B站110kVⅠ母TV绝缘击穿，导致110kVⅡAB-1开关保护动作跳闸，110kVⅡAB线及其所带B站全站失压（B站110kV并列运行，备自投因缺陷未投）。在调度值班员处置过程中，在未收到保护动作信息情况下，错误地合上ⅠAB-2开关对B站送电，ⅠAB线为B站备用电源，导致ⅠAB线充电至故障点，引发ⅠAB线跳闸。事件原因为该公司值班调度员对于电网故障处置原则不熟悉，业务技能水平不足，违反了母线接地异常处置要求，在未查明故障点前违规对故障母线送电，导致事故扩大。

【案例56】国网总部安全巡查中发现，××公司发生一起异常处置过程中调度员误操作事件。××公司35kV ××线发生C相接地，导致110kV ××站35kV母线系统单相接地，调度值班员在处置过程中，错误地将接地母线与非接地母线恢复并列运行，导致A站内绝缘薄弱的2号主变302开关A、B相电缆头部位绝缘击穿，发生接地短路故障，引发A站2号主变差动保护动作跳闸。事件原因为该公司值班调度员对电网故障处置原则不熟悉，业务技能水平不足，违反了母线接地异常处置要求，违规将接地系统与正常系统并列，导致了事故扩大。

【案例57】县公司安全事件通报，××公司发生一起异常处置过程中调度员误操作事件。35kV ××站共有两台主变，#1主变接带10kVⅠ、Ⅱ段母线运行，#2主变空载备用，事件初期位于10kVⅠ段母线的10kV A线发生B相接地故障，导致10kV系统单相接地，值班调度员在处置过程中，未能及时进行10kV母线分列操作，导致该站10kVⅡ段母线的10kV B线出线电缆头C相因绝缘薄弱击穿，从而发生两相接地短路故障，10kV A、B 线同时保护动作跳闸。事件原因为该公司值班调度员对电网故障处置原则不熟悉，业务技能水平不足，未能及时进行母线分列操作减小接地故障影响范围，导致了事故扩大。违反了××调〔2015〕876 号《国网××省电力公司关于印发××电网配网调度控制管理规程的通知》第 136 条："当发现系统接地时，应尽快查找接地点并在短时间内消除"和第 138 条："接地故障的寻找方法：1. 站内母线分割法：母线分列运行查找接地母线；2. 短时停电法：试拉线路寻找接地点"。

【案例 58】县公司安全事件通报，××公司发生一起接地处置不合理造成事故范围扩大的事件。××公司 220kV A 变电站 35kV F 线发生 B 相接地，导致 220kV A 变电站 35kV Ⅲ 段母线单相接地，值班调度员未先试拉 35kV F 线，而是先将 35kV Ⅲ 段母线上 35kV C 线（纯电缆）与 35kV Ⅱ 段母线上 35kV D 线（纯电缆）在 35kV E 站合环，试将 35kV C 线所带 35kV E 站负荷转出。合环后 35kV D 线 A 相击穿，导致 220kV A 变电站 35kV 系统发生相间短路，引发 35kV F 线、35kV C 线、35kV D 线跳闸。事件原因为××公司值班调度员对电网故障处置原则不熟悉，业务技能水平不足，违反了母线接地异常处置要求，未按顺序进行试拉，导致了事故扩大。

【案例 59】省公司安全检查中发现，××县公司发生一起配网接地处置过程中调度员误操作事件。××县公司××66kV 变电站 10kV ××线发生 C 相接地告警，值班调度员在处置过程中，本应指挥供电所人员拉开 10kV ××线环网柜开关，但其在无人监护的情况下错误地将告警接地线路出口开关拉开，导致供电公司大楼停电，调度机构瘫痪。事件原因为该公司值班调度员对所辖配网运行方式不清楚，业务技能水平不足，违反了监护复诵制度，导致了重要负荷失电。

【案例 60】市公司安全事件通报，××公司发生一起异常处置过程中因调度员考虑不周误操作事件。正常方式下，线路两侧开关在合位，B 站旁路开关在分位。当天，B 站线路开关汇控柜内非全相时间继电器故障，非全相保护动作导致本侧线路开关跳闸。当值调度员判断线路无故障，计划利用旁路开关进行合环；在将其中一套线路保护通道切换至旁路后，随即遥控合上旁路开关，A 站中线路保护电流变化量由 0 至线路电流，出现差流为线路电流，而当时线路电流大于保护动作电流，A 站保护启动元件启动，差动元件动作，向 B 站发允许信号；B 站线路开关在分位且无电流、差动元件动作，满足向对侧发允许信号的条件，向 A 站发允许信号。A 站线路保护启动、差动元件动作且收到对侧允许信号，满足保护跳闸条件，保护动作跳开本线开关。该公司值班调度员事故处置经验欠缺，机械套用倒旁路方法，未考虑到当前特殊运行方式对保护的影响，导致合环电流大于保护动作电流，造成设备跳闸。同时也反映了调度规程、保护规程等对于特殊情况下倒旁路操作规定不够完善，需进一步进行修编。

【案例 61】省公司安全事件通报，××公司发生一起线路跳闸故障处置过程中调度员指挥不当造成事故扩大事件。某年除夕，××公司 10kV ××线发生线路跳闸，重合成功，重合成功之后发生 A 相接地，值班调度员因接地立即将线路拉开。后续在整个故障处置过程中，对××线第一次试送不成功后，考虑故障当日为除夕，已有大量群众聚集，政府及居民尽快复电愿望迫切，为尽快确定故障范围并恢复供电，在运维单位仍未汇报明显故障点的情况下，调度员对××线进行未查明故障原因的第二次试送，此时因线路断路器分闸线圈烧毁，第二次试送时无法分闸，导致 110kV ××变电站#2 主变复压过流保护动作跳开#2 主变 330 断路器，造成 10kV

Ⅲ母失压。该公司值班调度员对电网故障处置原则不熟悉，业务技能水平不足，违反线路跳闸故障处置要求，在第一次试送不成功后且未汇报明显故障点的情况下进行第二次试送，导致了事故扩大。

【案例 62】省公司安全事件通报，××公司发生一起线路跳闸试送电不当的事件。×月×日 11 时 08 分，××变××线 308 线路电流Ⅰ段保护动作跳闸，重合不成功。××县调通知供电所跳闸情况，在收到供电所申请试送请求后，11 时 10 分 42 秒 249 毫秒，远方合上 308 断路器对线路试送电一次。11 时 10 分 42 秒 367 毫秒，×××变 1 号主变差流速断保护动作跳开主变三侧断路器。此事件暴露出存在的问题为线路跳闸试送不当。××线为混合线路，线路重合不成功，配电人员申请试送后，调度员未考虑是否满足试送条件即盲目试送，未排除电缆段故障或变电站站内故障的情况，违反线路故障处置原则。

【案例 63】分部安全事件通报，2021 年 4 月，××公司发生一起异常处置过程中调度员误操作事件。××公司 330kV ××变电站 1115 天二线因外破故障，PCS－943A 线路保护动作，1115 天二线开关 C 相因操动机构金属传动拉杆断裂未断开，110kV 甲母线两套 SGB750 母线保护失灵保护动作出口，跳开 110kV 甲母线所带线路，110kV 甲母线失压。调度值班员在处置过程中，错误地将甲母线所带线路转移到 110kV 乙母线，引发 110kV 乙母线两套 SGB750 母线差动保护动作出口，110kV 乙母线失压。事件暴露出该公司值班调度员对电网故障处置原则不熟悉，业务技能水平不足，违反了母线故障跳闸处置要求，在未得到现场准确保护动作信息的情况下，错误判定故障点处于 110kV 甲母线上，违规下令将 110kV 甲母线负荷倒至 110kV 乙母线，导致了事故扩大。

【案例 64】省公司安全检查中发现，××公司发生一起异常处置过程中的调度员误操作事件。××公司××电厂当天 1 号消弧线圈处于检修状态，线路有检修计划作业，操作期间调度值班员调整 2 号消弧线圈档位时，误操作将消弧线圈停电调档，导致系统无消弧线圈产生分频谐振，引发站内电压互感器喷油，由于站内电压互感器与 220kV 主变距离较近，油喷到邻近电流互感器上造成主变差动保护动作跳闸。此时 1 号机组在 66kV 系统运行，由于负荷过大，导致低频减载装置动作，切除部分负荷线路，调度值班员在未查明原因情况下，强行对切除的负荷线路再次送电，造成线路再次跳闸停电。××公司调度值班员对电网故障处置原则不熟悉，业务技能水平不足，违反了消弧线圈操作管理和低频减载保护动作后处置要求。同时运行方式管理人员在××电厂 1 号消弧线圈检修期间还安排 2 号消弧线圈操作，忽视现场操作风险对系统的影响，导致事故风险扩大。

【案例 65】省公司安全事件通报，××公司发生一起调度员未按国家电网公司调度系统重大事件汇报规定汇报的事件。××公司 10kV ××线发生 C 相导线断线，导线跌落至电气化铁路接触网，导致铁路中断运行 66min。调度值班员在处置过程中，对调度对象汇报的故障原因、影响范围等情况掌握不全面、不敏感，错误地当成一般 10kV 农配网接地故障处置，没有及时与调度对象核实故障造成的影响，没有按国家电网公司调度系统重大事件汇报规定及时汇报上级调度部门，对公司造成了较大的负面影响。

【案例 66】省公司安全检查中发现，××公司调度操作指令票填写不规范，在上级安全检查中发现一起 10kV 线路停电检修工作中，调度操作指令票中操作内容栏为"10kV ××线开关由运行转冷备用"，但操作任务栏为"10kV ××线开关由运行转检修"，两栏内容不一致。违反了国家电网调〔2014〕1405 号《国家电网调度控制管理规程》第 3.1 条要求："值班调控员是值班期间电力系统运行、操作和故障处置的指挥员，按照相关法律、规定发布调度指令，并对其下达的调度指令的准确性负责"。

【案例 67】省公司安监部"两票"专业检查中发现，××公司发生一起配网调度操作指令票填写不规范事件。××公司 110kV ××变 10kV ××线恢复原运行方式，配调值班员在 OMS 系统内填写的发令时间错误，记录中后一项操作的发令时间早于前一项操作，违反国家电网调〔2014〕1405 号《国家电网调度控制管理规程》第 11.3 条要求："拟写操作指令票应做到任务明确、票面清晰，正确使用设备双重名称和调度术语"，导致被查处一起行为违章。

【案例 68】国网总部安全巡查中发现，××公司操作票中填写不规范。2020 年 6 月 4 日，××公司 10kV ××线 21 号开关后段停电操作任务，实际操作设备名称应该为"×前×"、操作票上误写为"×霍×"。违反《国家电网调度控制管理规程》第 11.3 条要求："拟写操作指令票应做到任务明确、票面清晰，正确使用设备双重名称和调度术语"。

【案例 69】省公司电网风险管控督查中发现，××公司启动方案编制审核不严格，发生一起新设备启动过程中主变跳闸事件。2022 年 9 月 22 日，××公司对 35kV ××变原#2 主变（6.3MVA）进行拆除，对新#2 主变（10MVA）进行安装。18 时 50 分，所有工作结束后，根据××公司制订的启动方案，对新安装的#2 主变进行启动，在两台变压器并列过程中，#1、#2 主变低后备限时速断过流保护动作，主变两侧开关跳闸。经调查分析，在现场勘查设计过程中，未仔细核对变压器铭牌，仅从#2 主变高压侧进线相序颜色进行判断，导致#2 主变与#1 主变相序不一致，造成 10kV 母线近区三相短路，#1、#2 主变后备限时速断过流保护动作，主变两侧开关跳闸。暴露出××公司对所管辖设备不熟悉，设备隐患排查不扎实，对变压器设计选型存在的特殊情况未仔细核对，设备部未及时组织核实设计方案中变压器相关参数。××公司在编制#2 主变启动方案时，人员业务水平不高，未将#1、#2 主变相序核对工作写入启动方案中，缺少关键流程和步骤，调控中心对启动方案审核把关不严，未发现该问题。

【案例 70】市公司安全事件通报，××用户变电站发生一起带接地送电误操作事件，在某次 110kV 线路送电过程中，用户变电站运行人员未能认真执行倒闸操作规范，未正确执行调度令，走错间隔，误拉接地刀闸，导致发生带接地送电误操作事件。送电前，调度员下令将用户侧线路转冷备用，拉开线路接地刀闸，用户变现场汇报线路已操作为冷备用状态后，调度员发现 D5000 系统上用户线路接地刀闸仍为合位，要求现场核查，现场反映刀闸已拉开，是 D5000 系统显示错误。线路送电时，保护动作跳闸。经现场检查，用户变人员误拉主变中性点接地刀闸，应拉开的线路接地刀闸实际未拉开，造成带接地刀闸送电。暴露出该用户变员工技能水平不高，虽取得了调度系统运行值班上岗证书，但业务技能水平低，操作票执行不规范，走错间隔。

【案例 71】市公司安全事件通报，××公司发生一起异常处置过程中调度对象恶性误操作事件。乙用户变电站#2 主变低压侧 B 相套管漏油，申请将甲乙线本侧断路器转热备用配合#2 主变转检修操作（用户变电站甲乙线乙侧间隔为××地调管辖设备，其余均为用户管辖设备）。在将乙用户变电站甲乙线断路器转热备用后，用户变电站值班人员在将#2 主变转检修过程中带电误合本侧开关线路侧接地刀闸，导致线路跳闸。该公司用户站值班员对自身变电站一次接线方式、电网运行方式不熟悉，业务技能水平低，未经当值调度人员许可，擅自越权改变调度管辖设备的状态，造成带电合接地刀闸的恶性误操作事故。

【案例72】市公司安全事件通报，××公司发生一起恶性误操作事件。2022年4月，××公司值班调度员在进行开关转检修操作过程中，下令××变电站××线路开关冷备用转检修（注意事项：××线路丙外带电）。现场运维值班人员在合开关两侧接地刀闸时，在未验电的情况下误合了线路侧接地刀闸，引起线路电源侧保护动作，开关跳闸，电源侧开关严重喷油损坏。事件发生后，调度员在1小时之内无法联系到现场运维人员，暴露了现场对倒闸操作监督管理不到位，运维人员思想麻痹、责任心不强，未严格按照调令内容及要求进行操作，在合接地刀闸前未核对设备名称及编号，且未严格履行接地前验电手续，导致此次恶性误操作事件发生。

【案例73】省公司安全检查中发现，××用户变电站发生一起违反调度纪律事件，某66kV用户变电站在接入电网投运过程中，主变压器送电过程中因第一次充电时未躲过励磁涌流发生跳闸，该变电站值班员为避免再次发生充电跳闸擅自退出该变压器差动保护，在未考验变压器差动保护是否能再次躲过励磁涌流即完成后4次充电，并汇报调度变压器后4次均充电正常。此期间该变压器无电气量主保护运行，严重威胁电网及设备安全运行。

【案例74】省公司安全事件通报，××电厂发生一起违反调度纪律事件。××电厂擅自修改一次调频参数，造成#3机组在开机并网过程中连续发生多次功率振荡。××年×月×日11时28分～11时34分，××电厂#3机组在开机并网过程中连续发生3次功率振荡。第一次最大振荡幅度为12.74MW，振荡频率为0.7966Hz，持续时间50s；第二次最大振荡幅度为11.27MW，振荡频率为0.8762Hz，持续时间10s；第三次最大振荡幅度为11.56MW，振荡频率为0.8760Hz，持续时间30s。经调查，该厂为优化一次调频性能（强化小频差一次调频作用），擅自修改了#3机组一次调频参数，将参数中转速不等率由原规定定值的5%减小至1.25%，同时错误地修改了#3机组调速系统控制逻辑，造成一次调频前馈作用叠加2次，过度强化了一次调频作用，导致3号机组在开机并网过程中，转速在3002r/min附近波动时周期性地触发一次调频动作，过强的一次调频调节作用使得机组功率控制系统在调节过程中失去了稳定，造成机组发生功率振荡。此次振荡事件暴露了该厂涉网安全意识淡薄，未经省调同意，也未经具备资质单位的相关试验论证，擅自且错误地修改一次调频参数和调速系统逻辑，违反了国能发安全〔2023〕22号《防止电力生产事故的二十五项重点要求》第5.1.15条关于发电机组一次调频运行管理的有关要求。机组振荡防范和处置的能力较差，电厂运行值班人员未能及时发现并采取有效措施抑制振荡，导致机组振荡多次持续发生。

【案例75】能源监管机构安全检查中发现，××公司一并网新能源项目备案容量为10MW，实际并网容量为7.25MW，电网企业在并网验收时，未书面告知，未督促落实整改，违反了国能新能〔2013〕433号《关于印发分布式光伏发电项目管理暂行办法的通知》第13条规定："各级管理部门和项目单位不得自行变更项目备案文件的主要事项，包括投资主体、建设地点、项目规模、运营模式等。确需变更时，由备案部门按程序办理"。

【案例 76】能源监管机构安全检查中发现，××公司一分布式发电项目并网验收单中，验收结论未明确，验收人、负责人未签字。违反了《国家电网公司分布式电源并网服务管理规则》第三十四条规定："35kV、10kV 接入项目，地市供电企业调控中心负责组织相关部门开展项目并网验收工作，出具并网验收意见"。

【案例 77】能源监管机构安全检查中发现，××公司调控中心对发电企业电力业务许可查验制度不健全，未按照规定认真核实发电企业是否取得电力业务许可证，允许超过规定时限仍未取得电力业务许可证的机组发电上网和交易结算，相关制度流于形式、未有效执行。违反了国能发资质〔2020〕69 号《电力业务许可证监督管理办法》第七条、第二十二条、第二十三条、第二十九条规定。《并网调度协议》签订不规范、不严谨，违反了中华人民共和国国务院令第 115 号《电网调度管理条例》第五章第二十六条、《电力业务许可证监督管理办法》第四条、第七条、第二十二条规定。

【案例 78】能源监管机构安全检查中发现，××公司调控中心对新建火电机组转商管理不规范。××火电机组满负荷试运行期间，平均负荷率低于 90%额定负荷，不满足火力发电启动运行及验收行业标准，提前并网转商业运营，违反了 DL/T 6437—2009《火力发电建设工程启动试运及验收规程》有关规定："1）机组满负荷试运期间的平均负荷率应不小于 90%额定负荷；2）300MW 以下的机组一般分 72 小时和 24 小时两个阶段进行，连续完成 72 小时满负荷试运行后，停机进行全面的检查和消缺，消缺完成后再开机，连续完成 24 小时满负荷试运行，如无应停机消除的缺陷，亦可连续运行 96 小时"。

【案例 79】上级专业安全检查中发现，××公司发生一起变电站主变 10kV 侧开关临时缺陷未及时处理的事件。××公司××变电站 10kVⅠ段母线压变计划检修（施工期 2 日），当天方式安排为 10kVⅠ段母线调 2 号主变兼供（1 号主变 101 开关改热备用），10kVⅠ段母线压变停役检修。现场变电运维人员在主变 10kV 合解环调电过程中，已发现 1 号主变 101 开关二次线圈存在异常，会影响后续的复役合闸，但未及时向调度汇报，待次日母线压变检修工作结束前，主变 101 开关准备恢复运行前，才向调度申请开关停役消缺处理。在 2 号主变兼供 10kVⅠ、Ⅱ段母线期间，若发生 2 号主变故障，原本可以快速启用 1 号主变供电的情况下，可能因为 101 开关缺陷导致无法恢复送电，将造成 10kV 母线长时间停电而损失负荷。

【案例 80】市公司安全事件通报，××公司发生一起缺陷处理流程不规范事件。××公司工作人员在设备巡视过程中发现 220kV ××站#2 主变存在油位低缺陷，随后以事件紧急需要立即处理为由拟按照停电抢修流程开展缺陷处理工作，调度员发现该情况立即拒绝该抢修停电申请，并要求严格按照缺陷流程规范处理。事件暴露出××公司工作人员安全意识淡薄，缺陷处理流程不规范，未按照缺陷处理流程的要求申报检修计划，履行有关申请、审批手续。

【案例 81】国网安监部安全风险管控工作通报，××地调月度停电计划管理工作不到位，未协同安排上、下级电网检修。××变 220kV 单母线运行期间，安排下级应急转供通道 66kV××线检修，降低了电网可靠性。违反了国家电网企管〔2014〕1464 号《国家电网公司调度计划管理规定》第十七条规定："组成同一输电断面的输变电设备、输变电能力互相耦合的设备，或对局部电网电力供需户供电可靠性以及清洁能源消纳产生共同影响的发电和电网设备视为关联设备。关联设备无论是否隶属于同一调度管辖，一般不得安排对电网运行产生重大影响的重叠停电"。暴露出××地调停电计划安排考虑不全面，对上级管理规定掌握不透彻，停电计划管理工作不到位。

【案例82】市公司安全事件通报，××公司检修单位对备自投临时停电风险评估不足，提报时间不合理。3月14～18日，220kV甲变电站220kV #2母线检修，存在五级电网风险。若220kV甲变电站220kV #1母线故障，下级110kV乙变电站备自投动作，将不会影响此站供电。××公司检修单位未充分分析上述情况，提报3月17日对110kV乙变电站110kV备自投装置进行临时停电检查，若该工作执行将会造成重叠检修，110kV乙变电站面临失电风险。调控中心全面分析当时电网运行风险后，驳回了110kV乙变电站110kV备自投装置停电申请，避免了发生电网重叠检修。

【案例83】国网总部安全巡查中发现，××分公司停电计划管理不到位，出现重复计划停电、停电倒换负荷情况。2020年7月至2022年5月，3条10kV线路因电源站35kV ××站全站停电计划停电2次，因停电倒方式停电7次，本线路计划停电各1次，共造成3条10kV线路停电达10次。××分公司施工检修管控不到位，211×××、212×××、221×××线路计划停电与××站全站改造未配合，未按照"一停多用"原则制订检修计划，频繁停电倒换负荷，造成用户短期内重复停电事件的问题。

【案例84】省公司安全检查中发现，××公司停电计划变更流程现场执行不规范。220kV××站送电前，值班调度员发现一张稳控功能验证日前计划流程未终结，经核实，由于现场实际情况发生变化，无需开展此项工作，但未及时向调度申请取消工作，未履行计划取消流程，违反了国网（安监/3）1102—2022《国家电网有限公司作业安全风险管控工作规定》第十九条："作业计划实行刚性管理，审定后的作业计划均应统一在平台内进行发布，已发布的作业计划严禁随意增减，确属特殊情况需追加、调整的，应严格履行本单位计划调整审批手续"。

【案例85】省公司电网风险管控督查中发现，××公司停电计划执行不严格、前期现场勘查不到位，多次变更检修工作内容，造成工作延期开工，超期完工。2022年9月，××变330kV甲乙母线同停配合330kV ××变××汇集站（备用四线GIS间隔）扩建安装接入，因前期工作准备不到位，多次变更检修工作内容，资料报送不及时，导致该项工作延迟2天开工、超期完工，增加中秋节假期现场施工安全风险，同时影响后期其他检修工作计划安排。××公司停电计划管理流程不规范，未严格履行计划调整审批手续，违反了国网（安监/3）1102—2022《国家电网有限公司作业安全风险管控工作规定》第十九条："作业计划实行刚性管理，审定后的作业计划均应统一在平台内进行发布，已发布的作业计划严禁随意增减，确属特殊情况需追加、调整的，应严格履行本单位计划调整审批手续"。

【案例86】国网总部安全巡查中发现，2020年9月××公司110kV××变110kV××线及110kV I段母线停电检修，计划时间2020年9月27日～10月30日（34天）。由于前期工作准备不充分，作业现场管控不到位，导致现场施工方案无法按期完成，实际于 11 月 12 日（延期 13 天）完工送电，导致 2 座 110kV 变电站长期存在六级电网风险。

【案例 87】省公司安全检查中发现，××公司发生一起调度员停电不准时、送电不及时事件。××公司×月×日安排了 10kV 母线停电计划检修，时间为×月×日 7 时～17 时。值班调度员 07 时下令运维人员将 10kV 母线由运行转检修。运维人员临时准备操作票并进行操作模拟，07 时 40 分开始将 10kV 出线开关陆续断开。期间不断有用户询问发现配电房仍带电，当日停电检修计划是否已取消。16 时，运维人员汇报调度员 10kV 母线停电工作全部结束，具备送电条件。当值调度员因忙于其他事务性工作，16 时 40 分方下令送电，致送电时间延迟近 40min。暴露出两个问题：① 该公司值班调度员对电网停送电正常操作业务流程不熟悉，业务技能水平不足，导致未准时停电；② 值长监护流于形式，对本值工作关键流程把握不够，优质服务意识不强，对停送电时间敏感性不足。

【案例 88】省公司安全检查中发现，××公司年度检修计划制订不到位，仅将 35kV 及以上设备纳入年度检修计划管理，缺少 10kV 配网设备检修计划安排。××公司存在一条 10kV 线路停电检修计划同时关联多条不相关线路停电检修申请现象，违反了国网（调/4）972—2019《国家电网公司配电网方式计划管理规定》第二十三条有关规定，暴露出年度检修计划编制不规范、停电计划管理不严格等问题。

【案例 89】国网安监部安全风险管控工作通报，××地调停电方式调整不合理，电网供电可靠性降低。在 110kV 变电站#2 主变停电后，将 7 座 35kV 变电站全部倒至#2 母线供电，存在检修方式下 $N-1$ 导致 7 座 35kV 变电站全停风险。违反了 Q/GDW 11711—2017《电网运行风险预警管控工作规范》第 6.2.3 规定："充分采取各种预控措施和手段，降等级、控时长、缩范围、减数量，降低事故概率和风险影响，提升管控实效，内容如下：a）降等级：采取方式调整、分母线运行、负荷转移、分散稳控切负荷数量、调整开机、配合停电、需求侧响应、同周期检修、调整客户生产计划等手段，降低可能造成的负荷损失"。

【案例 90】国网总部安全巡查中发现，××地调电网停电方式安排不周密、协同不够、风险分析不严谨。所属省调安排 220kV ××线、××线停役期间，该地调又安排受影响范围内××变 110kV Ⅰ 母线、#1 主变检修工作，导致电网风险加大，故障情况损失负荷量增多。违反了 Q/GDW 11711—2017《电网运行风险预警管控工作规范》第 9.1.2 条规定："进行安全稳定校核，优化系统运行方式，完善稳控策略，转移重要负荷，优化操作顺序，编制事故预案"。

【案例 91】国网安监部安全风险管控工作通报，××公司发布的电网运行风险预警告知书中运行方式安排不合理，预警告知不规范。在国网总部组织的电网安全风险管控督查中发现××站 220kV 正母线、#1 主变、××线停电工作中，××站运行方式安排不合理，将 110kV ××、××站转移至存在较高停电风险的 110kV 正母，"先降后控"措施落实不到位，且未按要求提前 24 小时对存在解列风险的××电厂（15×2MW）进行风险告知。违反了 Q/GDW 11711—2017《电网运行风险预警管控工作规范》第 6.2.1 条规定："总（分）部、省公司、地市公司应贯彻'全面评估、先降后控'要求，动态评估电网运行风险，准确界定风险等级，做到不遗漏风险、不放大风险、不降低管控标准"；8.3 规定："预警告知对电厂送出可靠性造成影响或需要电源支撑的风险预警，调控部门编制'预警告知单'，提前 24 小时告知相关并网电厂并留存相关资料"。

【案例 92】分部安全事件通报，2022 年 4 月，××公司由于日前负荷预测、新能源发电预测与日内实际偏差较大，预安排调峰措施不足，日内遇负荷大幅下降、新能源大幅增发等情况时，未能采取快速有效的系统调峰措施，造成电网频率、区间省间联络线功率长时间偏离标准频率和计划功率，迫使需要按计划消落水位的网调直调水电厂大幅调减出力、直调火电厂大幅压出力、其他省份紧急压减出力配合调整。

【案例 93】国网总部安全巡查中发现，××公司继电保护装置老化严重，8 座 500kV 变电站共计 20 套母线保护和线路保护装置超期服役，占 500kV 变电站总数的 27%。××公司 110kV 及以上继电保护装置运行超过 12 年的共 47 套，其中 41 套运行超过 15 年。2020 年 4 月，××公司 110kV ××变因保护装置老化（运行 17 年），母差保护误动，损失负荷 11.31MW，造成六级电网事件。

【案例 94】省公司安全事件通报，××公司发生一起老旧设备整改不及时，在雷暴恶劣天气下异常动作导致直流闭锁，造成直流功率损失的事件。××公司××换流站站用电系统在遭遇雷暴天气时，光耦抗干扰能力不足，低压侧总跳闸信号触发跳闸，10kV 101 开关跳开，极Ⅱ站用电系统 400V 母线失电，极Ⅱ水冷#1、#2 主循环泵失电，主泵流量保护动作发出跳闸指令，极Ⅱ闭锁。极Ⅰ过负荷运行，损失直流功率××兆瓦。事件暴露出该公司未落实老旧设备整改要求，老旧设备风险隐患排查及设备状态评价过程管理存在不足。

【案例 95】省公司对××公司进行安全巡查中发现若干问题。

（1）该公司《××电网继电保护整定方案及运行说明》内容不全面。例如 110kV 系统应配置纵联保护的范围遗漏了联络线，违反了 Q/GDW 10766—2015《10kV～110（66）kV 线路保护及辅助装置标准化设计规范》第 6.1.5 条"110（66）kV 环网线（含平行双回线）、电厂并网线应配置一套纵联电流差动保护"的规定；220kV 主变中性点间隙保护整定原则没有区分零序电压取外接开口三角电压或取自产零序电压的情况，违反了 Q/GDW 1175—2013《变压器、高压并联电抗器和母线保护及辅助装置标准化设计规范》第 5.1.2.4 d）条"零序电压可选自产或外接，零序电压选外接时固定为 180V、选自产时固定为 120V"的规定。

（2）该公司一份《继电保护及安全自动装置隐患排查治理通知》中，引用了已废除的要求。

（3）变电站现场二次设备压板名称与现场规程中压板说明内容不符。

（4）三个变电站有多套 220kV 继电保护装置运行年限超 15 年，技改项目受多种因素制约未能及时实施。

【案例 96】国网总部安全巡查中发现，2021 年 1 月 11 日，××公司发生一起 110kV 线路零序保护误动跳闸事件。110kV 影×一回线理论参数与实际参数偏差较大，系统接线参数发生重大变化后，相关人员未及时复核保护定值。当 110kV 陡×一回线故障时，110kV 影×一回线因保护定值不适应导致零序保护误动。违反了 DL/T 584—2017《3kV～110kV 电网继电保护装置运行整定规程》第 4.3 条"继电保护装置的运行整定与电网运行方式密切相关，继电保护专业与系统运行专业应相互协调、密切配合"、第 7.1.1 条"66kV

及以上架空线路和电缆的阻抗参数应采用实测值"的规定。

【案例97】国网总部安全巡查中发现，2019年4月24日，××公司在220kV ××变#2主变检修期间，因电网负荷控制不到位、#1主变过流Ⅲ段保护跳闸矩阵执行错误等原因，导致#1主变带全站负荷10min后，过流Ⅲ段保护动作，该变电站110kV、10kV母线全停，由该站供电的110kV牵引站电源中断9min（27kV接触网未中断，铁路运行未受影响），造成六级电网事件。该事件违反了DL/T 587—2016《继电保护和安全自动装置运行管理规程》第11.4.1条"现场保护装置定值的变更，应按定值通知单的要求执行"的规定。

【案例98】国网安监部安全事件通报，××省公司500kV ××线发生雷击故障，线路跳闸重合成功，因××站5011开关A套合并单元系数配置文件被厂家技术人员误删除，导致电流采样异常，造成××站#1主变保护误动跳闸。

【案例99】国网总部安全巡查中发现，2021年4月24日，××公司500kV ×××变因调试过程中厂家技术人员误刷新合并单元配置文件，导致500kV ××线送电合环时，同串500kV ××线两侧开关误动跳闸。

【案例100】国网安监部安全事件通报，××公司发生一起六级电网事件。2022年6月22日，××公司110kV ××线发生雷击故障，线路两侧线路保护动作跳闸，500kV ××变电站110kV双套母线保护因××线TA变比错误动作跳闸，造成××变110kV Ⅱ母、110kV ××变及35kV ××变、××变、××变失电，损失负荷1MW。调查发现，按照保护定值单，110kV母线××线支路TA变比应为800/1。由于建设阶段现场施工人员未按工程设计图施工，未拆除110kV ××线汇控柜端子排内两处预装短接片，造成TA变比实际为939/1，导致区外线路故障时，母线保护计算出差流而误动。

【案例101】省公司安全事件通报，××公司发生一起因未落实"十八项反措"二次接地要求，造成主变保护误动跳闸的事件。该变电站端子箱内接地专用铜排与主接地网未可靠连接，产生电位差，变电运维人员在变压器保护屏操作电流连接片时，干扰电流进入主变保护，差动保护误动跳闸。经检查，220kV旁路端子箱处主接地网铜排与等电位接地网未连接，压差超过1.2V，运维人员在主变高压侧转旁路运行、切换二次电流连接片过程中，旁路电流回路N与主变电流回路N之间误碰，由此产生干扰电流，导致C相差动保护误动。

【案例102】2023年国网总部春检督查中发现，××公司二次专业隐患排查不到位。安全巡查发现110kV ××变电站等电位接地网与站内主地网仅有2处连接，不满足4处连接的要求；110kV间隔电流互感器二次电缆金属管上端与一次设备的底座未良好焊接。《国家电网公司十八项电网重大反事故措施》中第15.6.2.1条规定："在保护室屏柜下层的电缆室（或电缆沟道）内，为保证连接可靠，等电位地网与主地网的连接应使用4根及以上，每根截面积不小于$50mm^2$的铜排（缆）"；第15.6.2.8条规定："二次电缆经金属管从一次设备的接线盒（箱）引至电缆沟，并将金属管的上端与一次设备的底座或金属外壳良好焊接"。

【案例103】国网安监部安全事件通报，××公司××站500kV Ⅰ母2号母差保护装置CPU板上的CPLD器件上控制双AD采样读取信号的两个管脚同时出现异常，导致双 AD 采样数据异常，双 AD 差流均大于设定门槛，引起母差保护误动。调查发现，该保护装置生产厂家对产品质量把关不严，存在家族性缺陷，导致装置内部元件损坏时保护误动，不满足"装置内任一元件损坏，装置不应动作跳闸"的反措要求。

【案例 104】国网总部安全巡查中发现，××省调自动作业计划管控不到位，未将调度自动化主站工作纳入作业计划进行管控，存在使用业务审批流程代替检修票、使用作业方案代替操作票、工作许可人和工作负责人为同一人等问题。

【案例 105】省公司安全检查中发现，××公司调控中心自动化专业在上级的专项督查中被发现系统升级、关键数据修改等作业方案、交底材料等未集中归档留存，工作前的管控不够规范。在工作过程中，发现厂家驻点（外协）人员同时掌握 EMS 系统安全配置的操作员和审核员账号密码，管理员账号存在班组内多人共用情况，不符合电力监控系统信息安全相关要求。在对电力监控工作票的审查中发现，票中的安全措施简单套用通用模板，存在一些对票中工作不适用的措施，例如遥控试验工作对应的电力监控票中出现数据备份的措施，使得工作票安全管控的针对性不足。

【案例 106】国网总部安全巡查中发现，××地调自动化服务器扩容作业方案编审不规范。在上级组织的安全巡查中，发现××公司自动化专业服务器点表扩容方案内容不够严谨，存在方案时间不合理、影响分析不全面、作业责任不明确、账户管理不规范等问题。方案时间方面，方案编审发布时间为 2022 年 6 月 7 日，而方案内容包含的作业准备等前期工作已在 5 月 13 日开始；影响分析方面，仅分析了服务器重启期间对自动化系统影响，未对重启失败等情况的影响进行分析；作业责任方面，作业主要内容中未明确作业单位、专业、监管人员等具体实施主体，数据库检修授权手续、授权方式不明确，工作人员组成中班组、外部厂家等人员所属单位未明确；账户管理方面，将 D5000 登录临时账户、临时用户账号、临时密码直接在方案中列出，违反了《调度自动化主站运维行为管控规定》第二十二条："系统管理员应严格按照工作票内容分配临时运维人员的临时用户账号、权限和实效，遵循'一人一事一账号'原则，完工后及时收回临时用户权限"。暴露出该公司二次作业计划管理仍有欠缺，作业计划风险管控有待提升。

【案例 107】国网安监部安全事件通报，××公司发生一起调控系统 AGC 应用功能运维过程中的误操作事件。××公司在 AGC 系统中部署"省间现货日前、日内成交电量物理执行功能模块"过程中，系统厂家运维人员在备机上部署了 AGC 系统新版本程序，并违规启动。由于备机新程序读取原数据表，产生数据错位，造成大部分新能源机组目标值为 0，处于备机状态，指令暂未下发。依照工作方案，运维工作人员应检查备机运行状态与数据指令情况，在保证正常运行情况下，将备机数据表导入主机。运维人员未检查就直接将备机数据表导入主机，主机程序与备机数据表无法匹配，主机程序异常退出，符合备机自动切主运行条件，指令直接下发，导致大量新能源机组出力下降，最终造成电网频率越限。该公司未严格落实《调度自动化主站系统运维行为管控规定》相关要求，AGC 控制应用功能由调控处直接管理，自动化处未将其纳入管控范围，致使 AGC 运维人员操作行为没有有效的管控措施，直接造成了此次运维误操作事件发生。

【案例108】省公司安全检查中发现，××公司发生一起保护专网设备网元大面积脱管事件。××公司在××变新接入一台中兴S385设备，配置完设备地址，在接入现有的环网中时，环网在运的21台设备脱管，运维人员尝试对脱管网元附近的站点进行ping操作，最后在ping该电厂这台设备时，此设备主控板重启，网络中的离线网元也陆续上线。分析故障原因时发现，新接入的设备配置了16位掩码，在网络中生成了192.129.0.0的掩码路由，而原网络中的网元均为24位掩码，掩码路由为192.129.×.0，××电厂的主控板为NCPGA，此板卡在转发路由时会选择聚合路由即192.129.0.0，致使其他通过此站点转发路由的网元找不到正确路径，从而导致网元大面积脱管。原网络中主控板在寻址时会选择明细路由即192.129.×.0，故网络中配置16位掩码不会影响监控，而新设备的寻址机制和原来的板卡不同，在配置时应增加新的说明，但在新设备上线前并无此类板卡在现网中配置的规范作业指导书，暴露出运维人员对新板卡性能掌握不全面，对作业过程中可能出现的风险预控不足。

【案例109】省公司安全检查中发现，××公司发生一起变电站UPS电源接线不正确导致厂站失去监控事件。某220kV变电站投运时，两台UPS电源误采用串联接线方式运行，由于投运初期UPS电源供电负载较小，未发生异常运行情况，加之UPS电源管理职责不清，在巡视检验中均未发现UPS电源接线有误。后期，随着供电设备不断增加，UPS电源过载，长期处于旁路供电方式。后期运行中，该220kV变电站站用交流电源因故障失电，旁路电源消失后，UPS电源过载并立即触发停机保护，导致后台、网络、网络安全等大量重要设备退出运行，厂站和主站均失去对该变电站的实时监控能力。

【案例110】省公司消防安全性评价中发现，××公司调度自动化机房在上级消防安全检查中，被发现机房门不是按照消防要求设计的防火门，存在安全隐患；机房设备与维护工作间之间使用玻璃隔断，机房设备间的灭火器使用柜式七氟丙烷气体灭火装置，如果机房设备间发生火灾，七氟丙烷气体灭火装置会自动喷出灭火气体，导致机房设备间气体压力变大，冲击玻璃隔断，损坏隔断并可能引起人身伤亡事件。××公司调度部门就该问题上报公司完成整改，更换机房门为防火门，维护工作间搬离机房设备间，拆除玻璃隔断。

【案例111】省公司安全检查中发现，××公司重点场所防火、防爆措施不完善，消防安全管理存在漏洞。生产调度大楼蓄电池室两组蓄电池间未安装防火隔板，蓄电池室内未安装防爆照明工具和防爆空调。违反了国家电网设备〔2018〕979号《国家电网有限公司十八项电网重大反事故措施》第18.1.2.8条规定："酸性蓄电池室、油罐室、油处理室、大物流仓储等防火、防爆重点场所应采用防爆型的照明、通风设备，其控制开关应安装在室外"。

【案例112】国网安监部"四不两直"网络安全督查中发现，××省调控中心自动化机房两套UPS电源交流进线均接自同一个自动切换开关（ATS）和同一段进线分柜母线，存在自动切换开关或进线母线单点故障，造成两套UPS电源同时断电的风险。××地市公司信息机房UPS电源设备未纳入集中监控系统。××省公司本部、某220kV变电站机房公用的消防气瓶间多个七氟丙烷钢瓶压力不足；某省调控中心自动化机房七氟丙烷钢瓶超期未检。

【案例 113】市公司安全事件通报，2021 年 12 月 23 日××地调一台 SCADA 服务器故障发生切机，造成 AVC 省地联调状态变位信息，经排查确认为系统误发信息；2022 年 1 月因系统检修重启 SCADA 服务器过程中切机，AVC 再次误发省地联调状态变位信息。××地调深入排查信号来源，确认实际未发生变位信息，误发原因为 AVC 省地联调程序只将数据写入了 SCADA 主机而未写备机，导致 SCADA 主备机数据不一致，切机时误发变位信息。经技术支持人员确认并报 AVC 程序缺陷，该缺陷于 2022 年 3 月消除。该事件暴露出××地调自动化运维管理人员对自动化系统和程序了解不够深入，缺陷分析不准确，缺陷管理比较松散，未能彻底解决缺陷问题。

【案例 114】国网总部事故调查报告，2019 年 7 月 12 日 23:19，××调控中心调度自动化系统 I 区核心交换机故障，SCADA 数据不刷新，四台 SCADA 服务器孤立运行，AGC、AVC 等功能退出，给上级调度机构发送数据不刷新。故障原因是 1 号核心交换机光接口板处理数据异常、相关光接口网络不通，受其影响，2 号核心交换机光接口也无法正常工作。××调控中心立即开展应急处置，7 月 13 日 00 时 37 分数据恢复，故障得到及时正确处置。交换机故障期间，电网运行平稳，未发生电网故障异常，未影响电网运行操作。

【案例 115】国网安监部"四不两直"网络安全督查中发现，××公司智能电网调度控制系统未按要求配置"安全管理员"和"审计管理员"账号，且运维人员被赋予系统管理员权限。违反了国家电网安质〔2018〕396 号《国家电网公司电力工作规程（电力监控部分）（试行）》第 4.2.2 条规定："授权应基于权限最小化和权限分立的原则"。违反 GB/T 22239—2019《信息安全技术网络等级保护基本要求》第 8.1.5 条规定："应通过系统管理员对系统的资源和运行进行配置、控制和管理；应通过审计管理员对审计记录进行分析，并根据分析结果进行处理；应通过安全管理员对系统中的安全策略进行配置"。

【案例 116】省公司安全事件通报，××电厂发生一起内部施工管控不到位导致的厂内光缆中断事件。×年×月×日，××电厂在厂内 220kV 升压站附近实施人车分流绿道改造项目时，由于施工现场附近的地埋 OPGW 导引光缆走向标识缺失，道路施工时挖断光缆，导致该光缆上承载的两回 220kV 线路双套主保护通道同时中断、两回 220kV 线路单套主保护通道中断（另一套主保护通道运行正常），造成电网两回 220kV 线路失去主保护、两回 220kV 线路单套主保护运行。事件原因为该电厂安全意识淡薄，安全措施不到位，场地光缆走向标识缺失，同时也暴露出通信运行基础不牢固、运行方式安排不合理等问题。

【案例 117】国网专业安全事件通报，××公司发生一起光通信传输设备存在家族性缺陷导致的设备脱网事件。×年×月×日，××公司 800kV ××换流站××通信传输设备网元脱管，导致该设备承载的 1 套安稳通道、34 条 500kV 双口保护单通道和其他 19 条站内业务通道中断。事件原因为该站内××通信传输设备主用矩阵和一级控制器之间通信异常时（此时不影响业务）存在设备告警信息不能上报网管的缺陷，导致主备两块矩阵板故障信息未及时上报网管，设备承载业务中断。该缺陷被国调中心认定为家族性缺陷，进行全网排查整治。

【案例118】国网专业安全事件通报，××公司发生一起500kV变电站通信电源失电事件，导致7条500kV线路、6条220kV线路单套继电保护通道中断。经调查，本次设备事件的主要原因是××变通信电源交流屏ATS装置正常运行的1号主触点模块发生故障，无法正常动作，故障发生时并未切换到2号主触点模块，使交流配电屏输出电压中断，造成直流系统失电，蓄电池电量耗尽。该站通信电源投运后未严格按照运维规程开展每季度定期试验，未能发现ATS设备隐患；蓄电池供电时间不满足后备时间不小于4h的规程要求，设备运维管理不到位；该站动力环境监控系统电源中断后，无法正常采集、上传告警信号，造成通信运行人员无法及时获取信息并开展应急处置，存在动力环境监控设计缺陷。上述问题叠加，导致了此次通信设备失电事件的发生。

【案例119】国网专业安全事件通报，××公司发生一起OPGW光缆与输电线路不一致，隐患排查不到位导致光缆被误中断事件。×年×月×日，××公司500kV××线OPGW光缆被误断，造成所承载的分部、省网、地市共计9条通信光路中断，共导致15条500kV及以上线路保护、3条安控、4条220kV线路保护的其中1条通道中断。事件原因为工程设计单位在前期收资内容不完整，勘查不深入，错判运行OPGW光缆的架设情况，误认为该OPGW光缆架设于同输电断面另外一回线路上；运行单位前期对该OPGW光缆异构专项排查不够深入，对三通光缆接续盒（存在异构风险）情况掌握不够，未发现该段光缆异构。

【案例120】省公司安全事件通报，××公司发生一起因通信电源蓄电池巡视维护不到位，造成通信电源停止工作，传输设备掉电致使站内调度数据网业务通道中断事件。2021年1月，变电运维人员按调令拉开110kV××变#1所变低压侧401断路器，通信电源失去交流输入，通信电源停止工作，传输设备掉电，所承载的110kV××变调度数据网业务主备通道中断、110kV××变调度电话业务通道中断、35kV××变调度数据网业务主备通道及调度电话业务通道中断。××公司未严格按照通信电源运维规程开展蓄电池充放电试验，工作统筹协调不到位，蓄电池管理不善，导致设备停电、业务通道中断。

【案例121】国网专业安全事件通报，××地区范围内××水电站发生一起引下钢管进水结冰造成通信光缆中断事件。2022年11月14日，××水电站220kV××线在龙门架引下钢管处中断，造成220kV××水电站至220kV××水电站备用光路中断。××水电站现场日常运维巡视不到位，站内引下钢管处光缆因冰冻挤压中断。在故障处置过程中，运维人员将业务迁回至主用路由，该站运维人员对现场光缆运行方式及光缆路由不熟悉，业务技能不足，无法及时完成故障排查，延误故障处置时间。

【案例122】国网安监部"四不两直"网络安全督查中发现，××省调控中心生产控制大区（Ⅱ区）入侵检测系统（IDS）未正确配置，未采集到流量数据，无法及时发现攻击入侵风险。××省调生产控制大区（Ⅰ区、Ⅱ区）防火墙管理不到位，相关日志仅能留存一天，且未在网络安全管理平台中远程存储，不满足"不少于六个月"的要求。××地市公司配电终端接入防火墙配置全通策略，存在边界防护失效风险。

【案例123】省公司安全事件通报，××公司发生一起因网安平台一区采集机kafka进程数据积压，导致设备大量离线的事件。××公司主站四台正反向隔离及一台核心纵向加密设备短时间内突然向网安平台上送大量告警（通过告警日志导出发现每分钟上送7

万余条告警），大大超出了平台 consumer 进程的处理能力，一区 kafka 进程数据大量积压至 80G，使得一区Ⅱ型网安监测装置、纵向加密装置、服务器、工作站等设备均出现不定时离线现象，导致网安平台监测装置可靠率降低至 79%。××公司网安平台运维人员排查发现为一区主网业务服务器及配网前置服务器发出异常访问，访问内容为：一区主网业务服务器向未知设备（234.0.0.1）发出访问，配网前置服务器通过第一接入网访问各电站第二接入网远动设备。为保障业务正常使用，运维人员无法直接关停相关服务，而是通过配置主网交换机 A、B 及告警纵向加密装置相应核心交换机的 ACL 访问控制策略，阻断主网内部异常网络端口访问行为，消除了告警。事后联系相应服务技术人员根据告警日志对设备服务进行修改，在平台服务器修改了 consumer 进程的配置文件，加快 consumer 进程的处理速度，防止类似事件再次发生。

【案例 124】国网安监部"四不两直"网络安全督查中发现，××地市公司管理信息大区（Ⅲ区）终端接入防火墙均采用了非加密的 Web 服务（http 协议），易导致数据泄露。××220kV 变电站生产控制大区（Ⅱ）网络安全监测装置接入了防火墙、主机等设备，但未采集任何运行状态信息，存在设备异常无法及时处置的风险。××地市公司某系统已接入生产运行环境，但存在未及时明确安防设备运行维护等网络安全责任，安防设备的登录口令、配置策略备份文件等敏感数据仍由厂家人员掌握。

【案例 125】市公司安全事件通报，××光伏电站发生一起网络安全加固操作不当事件。××光伏电站安排××技术厂家人员对安全一区工作站进行安全加固时，现场作业人员未按照正确流程进行加固，未正确修改网络安全监测装置白名单，导致上传大量开放高、中危端口告警至网络安全管理平台。违反《国家电网公司电力监控系统网络安全运行管理规定》第二十六条："运维单位应强化外部人员的管理，与外部服务商及人员签订安全保密协议，并对其进行安全教育，严格控制其工作范围和操作权限，实施安全监护"。

【案例 126】市公司安全事件通报，2021 年 11 月，××地调在配合××变电站进行缺陷处理时，未经审批配置了全网段明通策略，不满足最小化配置原则，导致××地调前置服务器暴露在调度数据网中，且在运维工作结束后未及时删除临时策略，导致该隐患持续存在 3 天。暴露出××地调工作人员网安意识淡薄，依然存在"重业务轻安全"的思想，为尽快完成业务调试罔顾安全原则；工作负责人在调试过程中未有效履行监督责任，对工作违规行为未能及时制止，并加以纠正。

【案例 127】国家能源局 2022 年电力安全生产专项行动通报，××供电公司调度监控中心的 USB 口、空余网口等，未按规定要求落实物理封闭禁用措施。暴露出电力监控系统网络安全意识淡薄，未严格执行监管机构和国家电网公司电力监控系统网络安全防护相关规定，相关漏洞可能被恶意利用，造成电力监控系统被攻击。

【案例 128】国网安监部"四不两直"网络安全督查中发现，××直属单位信息机房动环监测系统高权限测试账号未及时删除，存在未授权访问的风险。××省调控中心某预警系统生产控制大区（Ⅰ区）服务器存在默认账号口令未修改。××省信通公司某信息系统未配置登录认证功能，任意用户可访问后台页面，存在信息泄露风险。

【案例129】国网安监部"四不两直"网络安全督查中发现，××省调控中心电力监控工作票中作业人员"王某某"安全准入记录未及时录入安全风险管控监督平台。

【案例130】国网安监部"四不两直"网络安全督查中发现，××直属单位某系统未对等保测评中发现的问题隐患制定整改计划。××水电厂监控系统未针对等保测评发现的"未部署防病毒服务器"等问题及时整改，且未见整改计划。

【案例131】国网安监部"四不两直"网络安全督查中发现，××省调控中心《智能电网调度控制系统故障处置预案》、某地市公司《调度自动化系统故障应急预案》均未按照要求履行签发手续。

【案例132】省公司城市电网安全性评价督查中发现，2019年×月×日，××供电公司调度自动化系统未按照规定部署电力监控网络入侵检测系统（IDS），违反GB/T28448—2019《网络安全等级保护测评要求》、《中华人民共和国网络安全法》、国家发改委2014年第14号令《电力监控系统安全防护规定》、国家能源局国能安全〔2015〕36号《电力监控系统安全防护总体方案》、国能安全2014年318号《电力行业信息安全等级保护管理办法》及《十八项反事故措施》等有关要求。导致该公司调度自动化系统存在网络安全防护及系统漏洞的安全风险，可能造成数据泄露、被有害程序或网络攻击。

【案例133】国网专业安全事件通报，××风电场发生一起生产控制大区工作站接入手机充电，造成生产控制大区违规外联的事件。××风电场值班人员因手机使用没电后，私自将手机通过数据线连接至生产控制地区工作站主机USB接口充电，造成生产控制大区违规外联。该风电场所属调度机构通过网络安全管理平台监测到工作站插入手机告警后，第一时间通知该风电场现场排查处置，消除外联风险。事件发生后，所属调度机构对××风电场相关责任人组织约谈，剖析告警原因，宣贯电力监控系统网络安全"十禁止"等工作要求，责成××风电场对相关责任人进行严肃处理，并按照两个细则要求，对该风电场上网电量进行考核，考核当月总电量的0.1%。

【案例134】省公司安全检查中发现，××公司对故障录波工作站进行业务调试时，厂家人员违规将笔记本电脑接入生产控制大区并尝试访问互联网，被纵向加密装置拦截，发出高危告警。该公司运维厂家网络安全意识淡薄，对工作中的网络安全风险毫不知晓，缺乏最基本的网络安全意识和责任，公司电力监控系统网络安全管理不到位，监管不力。

【案例135】能源监管机构安全检查中发现，××公司发生违规操作，导致触发网络安全告警事件。××公司220kV变电站电量采集终端数据上传异常，变电站二次检修人员在未与调度值班进行电话告知的情况下，私自将非专用调试笔记本接入调度数据网进行网络连通测试，导致笔记本发起外网访问，触发网络安全告警，上传至调度网安平台。该运维人员未按照规定要求，在检修作业开始前通知网安值班人员对检修场站进行挂检修处理，且调试过程中未使用专用笔记本，触发网络安全告警。

【案例136】国网总部安全巡查中发现，××公司发生一起生产控制大区误接外部设备事件。××公司供电服务指挥大厅共放置4台生产控制大区工作站，其中配调席位2台，配抢席位1台，95598席位1台，与内网电脑、外网电脑布置在同一工作台。2019年

5月，供电服务指挥中心95598席位值班人员在值班过程中心误将外部设备接入生产控制大区工作站，触发电力监控系统网络安全管理平台告警。该公司网络安全管控不到位，未严格执行国能安全〔2015〕36号《国家能源局电力监控系统安全防护总体方案》要求，未对生产控制大区工作站采取有效的安全技术防护措施进行安全加固、关闭或拆除空闲的硬件端口，未及时关闭或拆除主机上不必要的USB口，导致生产控制大区的业务系统通过手机与互联网物理连接。

【案例137】国网安监部安全事件通报，××公司2020年12月23日发生一起电力监控系统违规外联事件。220kV××变电站现场调试安装指纹管理器，手机下载驱动程序后，本应接入不联网的独立电脑，但由于电脑主机多，距离近，当值人员误将手机数据线接入"五防"电脑，导致电力监控系统网络安全平台发出告警，造成违规外联事件。暴露出运维人员网络安全意识不高，虽然设置独立电脑，但对外联接错的风险没有预判和防范措施，且连接时未进行仔细核对。